用于国家职业技能鉴定
国家职业资格培训教程

YONGYU GUOJIA ZHIYE JINENG JIANDING

GUOJIA ZHIYE ZIGE PEIXUN JIAOCHENG

燃气具安装维修工

（高级）

编审委员会

主　任　刘　康
副主任　张亚男
委　员　张春田　许　红　崔焕民　孙淑华　张洪雷
　　　　房志会　要建国　乔志锋　叶永亮　高建中
　　　　武为民　韩　军　彭向东　陈　蕾　张　伟

编写人员

主　编　要建国
副主编　陈力生
编　者　陈力生　刘丽珍　高春梅

中国劳动社会保障出版社

图书在版编目（CIP）数据

燃气具安装维修工：高级/中国就业培训技术指导中心组织编写. —北京：中国劳动社会保障出版社，2012

国家职业资格培训教程

ISBN 978 - 7 - 5045 - 9820 - 2

Ⅰ.①燃…　Ⅱ.①中…　Ⅲ.①燃气炉灶-灶具-安装-技术培训-教材②燃气炉灶-灶具-维修-技术培训-教材③燃气热水器-安装-技术培训-教材④燃气热水器-维修-技术培训-教材　Ⅳ.①TS914.232　②TS914.252

中国版本图书馆 CIP 数据核字（2012）第 187141 号

中国劳动社会保障出版社出版发行

（北京市惠新东街 1 号　邮政编码：100029）

出 版 人：张梦欣

*

北京金明盛印刷有限公司印刷装订　新华书店经销

787 毫米×1092 毫米　16 开本　11.25 印张　195 千字

2012 年 8 月第 1 版　2012 年 8 月第 1 次印刷

定价：24.00 元

读者服务部电话：010-64929211/64921644/84643933

发行部电话：010-64961894

出版社网址：http://www.class.com.cn

前　言

　　为推动燃气具安装维修工职业培训和职业技能鉴定工作的开展，在燃气具安装维修工从业人员中推行国家职业资格证书制度，中国就业培训技术指导中心在完成《国家职业标准·燃气具安装维修工》（试行）（以下简称《标准》）制定工作的基础上，组织参加《标准》编写和审定的专家及其他有关专家，编写了燃气具安装维修工国家职业资格培训系列教程。

　　燃气具安装维修工国家职业资格培训系列教程紧贴《标准》要求，内容上体现"以职业活动为导向、以职业能力为核心"的指导思想，突出职业资格培训特色；结构上针对燃气具安装维修工职业活动领域，按照职业功能模块分级别编写。

　　燃气具安装维修工国家职业资格培训系列教程共包括《燃气具安装维修工（基础知识）》《燃气具安装维修工（初级）》《燃气具安装维修工（中级）》《燃气具安装维修工（高级）》《燃气具安装维修工（技师）》5本。《燃气具安装维修工（基础知识）》内容涵盖《标准》的"基本要求"，是各级别燃气具安装维修工均需掌握的基础知识；其他各级别教程的章对应于《标准》的"职业功能"，节对应于《标准》的"工作内容"，节中阐述的内容对应于《标准》的"能力要求"和"相关知识"。

　　本书是燃气具安装维修工国家职业资格培训系列教程中的一本，适用于对高级燃气具安装维修工的职业资格培训，是国家职业技能鉴定推荐辅导用书，也是高级燃气具安装维修工职业技能鉴定国家题库命题的直接依据。

　　本书在编写过程中得到中国城市燃气协会、北京市市政管理学校、北京市燃气集团燃气学院、北京市公用事业科学研究所、天津德威利暖通设备有限公司等单位的大力支持与协助，在此一并表示衷心的感谢。

中国就业培训技术指导中心

目 录

CONTENTS　国家职业资格培训教程

第1章
管路安装技术准备与试验

室内燃气管道安装技术准备主要包括放线、尺寸测量及绘制管道安装图。试验是指管道安装竣工验收前的自检。

第1节 现场测绘

 学习单元1 根据施工图和安装规范的要求进行放线工作

 学习目标

➤ 熟悉 CJJ 94—2009 第4章、第5章、第6章的相关规定
➤ 能根据施工图和安装规范进行放线工作

 **知识要求**

一、CJJ 94—2009 第4章、第5章、第6章的相关规定

CJJ 94—2009 第4章、第5章、第6章的相关规定内容很多,这里不能一一列

出，只做简单介绍，如有需要，可参阅《城镇燃气室内工程施工与质量验收规范》（CJJ 94—2009）中，第 4 部分 室内燃气管道安装及检验；第 5 部分 燃气计量表安装及检验；第 6 部分 家用、商业用及工业企业用燃具和用气设备的安装及检验等内容。

第 4 章 室内燃气管道安装及检验主要规定了燃气管道安装使用的管道组成件的选择，制作及管道的焊接，法兰连接，螺纹连接，管道敷设，防腐涂漆等技术要求。又增加了铝塑复合管的连接，燃气管道的防雷接地，敷设在管道竖井内的燃气管道的安装，沿外墙敷设的燃气管道的安装以及有关室内燃气管道检验等新内容。

第 5 章 燃气计量表安装及检验列出了燃气计量表安装的具体要求；采用专用连接件安装燃气表，是考虑便于安装、维修；保证自然通风的通畅是为了燃气表防潮和安全用气。本章还规定了燃气计量表与燃具、电气设备的最小净距，燃气计量表安装的允许偏差和检验方法等项技术要求。

第 6 章 家用、商业用及工业企业用燃具和用气设备的安装及检验指出了家用燃具的安装应符合《家用燃气燃烧器具安装及验收规程》（CJJ 12—1999）的规定；商业用气设备的安装场所应符合《城镇燃气设计规范》（GB 50028—2006）的有关规定；通风不良场所（如地下室、半地下室）强制性要求严格按设计文件施工；从安全卫生、便于操作角度出发，提出了商业用气设备的安装要求，其中爆破门的安装、燃烧器的安装等项要求可避免重大事故发生和保证燃烧稳定高效。本章还规定了燃气热水器、采暖热水炉安装和烟道安装的具体要求，规定了家用、商业用和工业企业用燃具以及用气设备安装检验的技术要求等。

二、管道安装放线的准备工作及主要内容

施工前应熟悉施工图样和有关技术资料，了解燃气管道的安装工艺和使用要求，弄清设计意图，从而明确安装的质量标准和操作规程等要求。

完成技术准备工作后，施工人员即可进入施工现场进行勘察，要对设备配置、配件尺寸仔细核对，发现问题及时提请设计或有关部门进行变更，不要擅自修改设计。

根据施工图和安装规则的要求，把管道、管件和设备的准确位置标记在建筑物上。

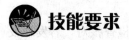 **技能要求**

放　线

一、操作准备

(1) 施工图、安装规范。

(2) 钢卷尺、划笔、纸、签字笔、铅笔等。

二、操作步骤

放线工作操作基本程序如图 1—1 所示。

熟悉施工图　→　进入施工现场　→　观察现场并与施工图对比　→　对管道、管件、设备的准确位置进行标记　→　绘制安装草图

图 1—1　放线工作操作基本程序

步骤 1　熟悉施工图

熟悉管道施工图就是识读管道施工图的过程。管道施工图的识读一般应遵循从整体到局部、从大到小、从粗到细的原则。在识读过程中，认真做好记录，必要时可在图样上用铅笔做记号或进行标注。一般要先看图纸目录、施工图说明和设备材料表，然后再看流程图、平面图、立（剖）面图及轴测图。通过识读主要应掌握以下内容：

(1) 设备的数量、名称和编号，定位尺寸、接管方位及其标高。

(2) 管子、管件、阀门的规格和编号，坡度坡向、定位尺寸、标高尺寸及阀门的位置情况。

(3) 各路管线的起终点以及管线与管线、管线与设备或建筑物之间的位置关系。

除此以外，还要了解燃气管道的安装工艺和使用要求，弄清设计意图，从而明确安装的质量标准和操作规程等要求。

步骤 2　进入施工现场

在正式施工之前应做好以下工作：材料机具的准备，对土建施工的有关建筑结构、支架、预埋件、预留孔、沟槽等质量按设计图样及施工规范进行检查和验收。然后进入现场进行勘察。

步骤3　观察现场并与施工图对比

按施工图结合现场实际情况，对设备配置、配件尺寸进行检查核对，若发现设计图样有差错，应及时办理设计变更，以保证管道施工能顺利进行，不要擅自修改原设计。

步骤4　对管道、管件、设备的准确位置进行标记

按设计和施工双方认可的施工图和不同房间相对应的管道、管件、设备、管道走向、管长、管径及实际安装位置，用划笔将其一一准确标记在现场建筑物上。

步骤5　绘制安装草图

管道放线的同时按照管道走向绘制出标有管段编号、管径、变径、预留管口及阀门位置等的安装草图。如果施工图中含有系统安装图，也可在此图上按实际勘察结果进行标注，形成安装草图。

三、注意事项

（1）管道安装应与土建及其他专业的施工密切结合，这样能提高施工效率和保证施工工期。

（2）发现图样有问题，应及时提请设计或有关部门解决，施工人员不得自行决定或修改设计。

 学习单元2　按放线线路依次对每条管段进行尺寸测量确定构造长度

 学习目标

➤ 熟悉构造长度的概念

➤ 能按放线线路依次对每条管段进行尺寸测量，确定构造长度

 知识要求

一、构造长度的概念

构造长度是指管道系统中相邻零件或零件与设备中心间的距离，如图1—2所示，L_1、L_2、L_3均为构造长度。

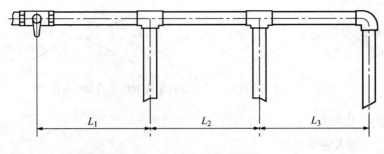

图 1—2　管段的构造长度

二、各管段的尺寸测量及构造长度的确定方法

管道安装工程的尺寸测量就是通常讲的量尺寸。通过量尺寸可以检查管道图样上的设计标高和尺寸是否与施工现场相符，预埋件及预留孔的位置尺寸是否正确等。

测量时，要按放线线路依次对每条管段进行尺寸测量，管道测量的方法很多，其基本原理都是利用三角形的边角关系和空间直角坐标来确定管道的位置、尺寸和方向。

管线测量常用的工具有钢卷尺、钢板尺、线锤、细蜡线、水平仪等。在测量过程中，首先应根据图样要求定出立干管各转弯点的位置。在水平管段先测出一端的标高，并根据管段的长度和坡度，定出另一端标高。两点的标高确定后，就可以定出管道中心线的位置。再在干管上定出分支处的位置，标出分支管的中心线。然后把管路上各个管件、阀门、支架的位置定出，测量相邻零件或零件与设备的中心距，测出的这些中心距就是构造长度，将其标记在安装草图上。

 技能要求

按放线线路依次对每条管段进行尺寸测量确定构造长度

一、操作准备

(1) 安装现场已进行了放线工作。

(2) 钢卷尺、签字笔、统计表等。

二、操作步骤

对管段进行尺寸测量确定构造长度的操作流程如图 1—3 所示。

步骤 1　熟悉安装草图

安装草图是放线时绘制的，上面标有管段号及该管段对应的管径等参数，对各

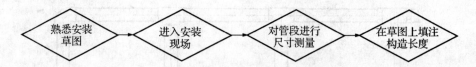

图1—3　对管段进行尺寸测量确定构造长度的操作流程

管段的走向、位置及数量应心中有数。

步骤2　进入安装现场

带好安装草图、钢卷尺、统计表和笔进入施工现场。

步骤3　对管段进行尺寸测量

按放线线路（或管段编号）和实际安装位置标记依次测量每条管路的准确尺寸（构造长度），测量时一般为两人操作，要求每次拉尺松紧要一致；读数要准确，精确度为毫米；每测完一段尺寸都要及时记录在统计表上，字迹要清楚。

步骤4　在草图上填注构造长度

测量尺寸的同时，将每一管段的构造长度，对照管段号，相应填注在安装草图上，此项操作也可在测量完成后进行。

三、注意事项

（1）测量尺寸的精度直接影响系统的安装质量和施工进度，因此测量一定要认真，读数要准确。

（2）记录要及时，不能只顾测量，忘记记录，更不能张冠李戴。

 学习单元3　绘制管道安装图

 学习目标

➤ 能绘制管道安装图

 知识要求

一、管道安装图绘制方法

室内燃气管道安装图是管段下料的依据，该图反映管段的数量、形状和长度。

安装图一般绘制成系统图（轴测图）的形式。

管道安装图的绘制随着现场测绘工作的展开就已经开始了，在管道放线的同时按照管道走向绘制出标有管段号、管径等的安装草图；在测量尺寸的同时，将每一管段的构造长度，对照管段编号，相应填注在安装草图上；局部尺寸在安装草图上表达不清楚时，画局部大样并标注尺寸；最后将草图整理绘制成一定比例的安装图。

绘制安装图时，要准备好制图工具和制图用品。绘图工具主要有图板、丁字尺、三角板、圆规、曲线板、比例尺等；制图用品主要有图纸、绘图铅笔、橡皮和擦图片等。

使用计算机绘制管道安装图可使绘图工作变得既方便又快捷，如果有电子版的施工图，只要将其中的系统图稍加修改补充，就可完成管道安装图的绘制。

二、管道安装图的具体画法

（1）对安装草图及其他原始测量记录进行分析整理，然后按一定比例画正式的安装图。图中的燃气管道一般用粗实线绘制，画图时，先画出燃气立管，定出地面、楼面；然后画引入管，再从立管上引出横管及竖支管并在竖支管上画出阀门、活接头、灶具、热水器等燃气设备的简单外形，图中也可不画出燃气设备，只画出连接燃气设备的管接口即可。

（2）擦去不必要的线条，加深轮廓线。

（3）标注尺寸包括标注系统编号、管段编号、管径、各部标高、坡度等。

（4）完成轴测图。

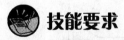

技能要求

绘制管道安装图

安装图的绘制与放线工作同时开始。

一、操作准备

绘图纸、绘图工具、图板或计算机等。

二、操作步骤

绘制管道安装图操作流程如图1—4所示。

步骤1　草图分析整理

将放线时按管道走向绘制的标有管段号、管径的草图进行分析整理。

图1—4　绘制管道安装图操作流程

步骤2　填注构造长度

将记录统计表上的实际测量尺寸（构造长度）填注在草图上。

步骤3　画局部大样，标注尺寸

先在需要局部放大的地方画一圆圈，并在圆圈附近标一符号，例如 A，如图 1—5a 所示。然后画此处的局部放大图并标注尺寸，如图 1—5b 所示。

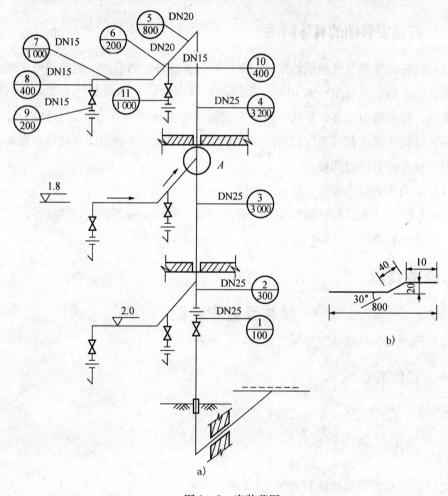

图1—5　安装草图

a）管道安装草图　b）节点 A 大样

步骤 4　绘制正式安装图

铺好图纸，选择绘图比例，用绘图工具按一定比例将草图整理绘制成正式安装图；也可用计算机进行绘制，然后打印出图。

三、注意事项

（1）局部放大图应尽量配置在被放大部位的附近。

（2）应用细实线圈住被放大部位，且应在局部放大图的上方注明所采用的比例。

学习单元 4　计算和确定管段的下料长度

管道安装图绘制完成后，根据构造长度就可以计算确定管段的下料长度了。

学习目标

➤熟悉管段安装长度、管段下料长度的概念及管段下料长度的计算公式

➤了解管件留量的含义及管件的查表确定方法

➤能计算和确定管段的下料长度

知识要求

一、管段安装长度、管段下料长度的概念及管段下料长度的计算公式

1. 管段安装长度

管路中的管子、管件、阀门、仪器元件等的有效长度（$L_{安装}$）称为安装长度。如图 1—6 所示。

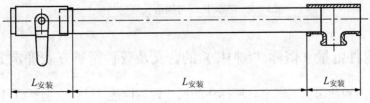

图 1—6　安装长度示意图

2. 管段下料长度（或预制加工长度）

两管件（附件）与设备口间所装配的管子的长度（$L_下$）称为下料长度（或预制加工长度），a_1 和 a 为管件留量，如图 1—7 所示。计算下料长度是为了确定管段的预加工长度，为以后的划线切割提供准确尺寸依据。

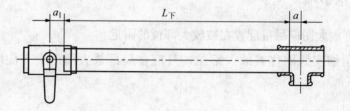

图 1—7　下料长度示意图

3. 管段下料长度的计算公式

管段的下料长度可按下式进行计算：

$$L_下 = L_构 - 2a$$

式中　$L_下$——管段的下料长度；

　　　$L_构$——管段的构造长度；

　　　a——管件留量，由管子螺纹的拧入长度和管件长度所决定。拧入长度即管段拧入管件（或零件）内螺纹部分的长度；管件长度即管件自身的长度。

下料长度等于构造长度减去 2 倍的管件留量，或管段的下料长度等于其安装长度加上拧入管件（或零件）内螺纹部分的长度。下料长度与构造长度的关系如图 1—8 所示。

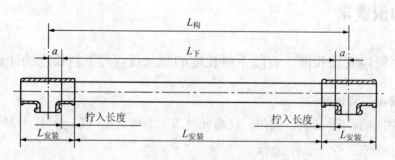

图 1—8　下料长度与构造长度的关系

二、管件留量（俗称"刨中"）的含义及管件留量查表确定方法

在施工图和预制加工图中，所标注的尺寸皆为构造尺寸，它包括管件自身所占位置。故下料时要减去管件所占位置，这就是管件留量（俗称"刨中"）。图 1—9、

图 1—10、图 1—11 给出了不同材质、不同类型管件的结构尺寸和管件留量尺寸，可对照相应的留量尺寸表确定管件留量。

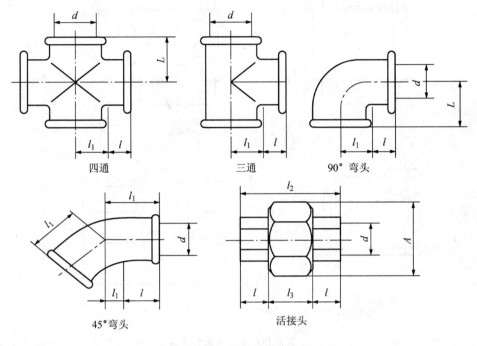

四通　　　　三通　　　　90°弯头

45°弯头　　　　活接头

图 1—9　同径可锻铸铁管件留量尺寸

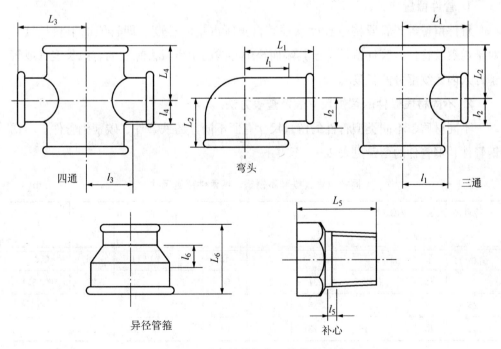

四通　　　　弯头　　　　三通

异径管箍　　　　补心

图 1—10　异径管件规格及管件留量尺寸

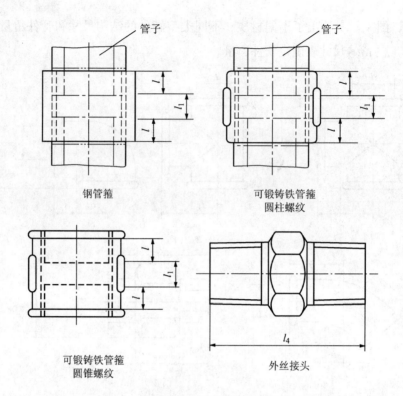

图1—11 管箍和外螺纹接头管件留量尺寸

1. 管件留量含义

管件留量等于管段构造长度减去其自身所占据的长度（即管段的下料长度），对于内螺纹管件，管件留量等于其端面至中心线的距离减去螺纹的有效长度（或管子拧入内螺纹部分的长度）。

2. 不同材质管件的留量尺寸表及查表方法

不同材质、不同类型管件的留量尺寸有所不同，铸铁管件、碳素钢管件、不锈钢管件、铜管件的留量见表1—1至表1—3。

表1—1　　　　　　　　同径可锻铸铁和不锈钢、铜管件留量尺寸　　　　　　　　mm

公称直径	内螺纹		L	L_1	L_2	管件留量			A
DN	直径 d	长度 l				l_1	l_2	l_3	
15	$R_c1/2''$	11	26	22	48	15	11	26	(52)
20	$R_c3/4''$	12.5	31	25	54	19	13	29	54 (61)
25	R_c1''	14	36	30	59	22	16	31	64
32	$R_c1\frac{1}{4}''$	16	43	34	64	27	18	32	75

续表

公称直径	内螺纹		L	L_1	L_2	管件留量			A
DN	直径 d	长度 l				l_1	l_2	l_3	
40	$R_c 1\frac{1}{2}''$	18	50	38	69	32	20	33	86
50	$R_c 2''$	19	59	41	77	40	22	39	102
70	$R_c 2\frac{1}{2}''$	22	70	48	85	48	26	41	120
80	$R_c 3''$	24	80	55	94	56	31	46	135
100	$R_c 4''$	28	98	65	108	70	37	52	175

表 1—2　　　　　　　　异径管件规格及管件留量尺寸　　　　　　　　mm

公称直径		L_1	L_2	L_3	L_4	L_5	L_6	管件留量					
mm	in							l_1	l_2	l_3	l_4	l_5	l_6
20×15	3/4×1/2	30	28	30	29	26	38	19	15	19	16.5	0.5	14.5
25×15	1×1/2	33	29	33	32	30	42	22	15	22	18	2	17
25×20	1×3/4	34	31	35	34	30	42	22	19	22	20	1	15.5
32×15	1¼×1/2	37	31	38	34	32	46	26	15	27	18	2	19
32×20	1¼×3/4	39	35	40	38	32	46	26	19	29	22	0.5	17.5
32×25	1¼×1	40	37	42	40	32	46	26	22	28	24	−1	16
40×15	1½×1/2	41	34	42	35	35	52	31	16	31	17	5	23
40×20	1½×3/4	44	40	43	38	35	52	31	22	31	20	3.5	21.5
40×25	1½×1	46	42	45	41	35	52	31	24	31	23	2	20
40×32	1½×1¼	47	44	48	45	35	52	31	26	32	29	0	18
50×15	2×1/2	48	37	48	38	37	58	37	18	37	19	3	28
50×20	2×3/4	50	38	49	41	37	58	37	19	37	22	1.5	26.5
50×25	2×1	51	44	51	47	37	60	37	25	37	28	0	30
50×32	2×1¼	54	47	54	48	37	60	38	28	38	29	−2	25
50×40	2×1½	57	51	57	54	37	60	39	32	39	35	−4	23
70×15	2½×1/2	57	41	57	44	40	65	46	19	46	22	2	32
70×20	2½×3/4	58	44	59	47	40	65	45	22	46	25	0	30
70×25	2½×1	61	47	61	49	40	65	47	25	47	27	−1	29
70×32	2½×1¼	63	51	63	56	40	65	47	29	47	34	−3	27
70×40	2½×1½	65	55	65	58	40	65	47	37	47	40	−5	25
70×50	2½×2	66	61	66	63	40	65	47	39	47	41	−6	24

续表

公称直径		L_1	L_2	L_3	L_4	L_5	L_6	管件留量					
mm	in							l_1	l_2	l_3	l_4	l_5	l_6
80×15	3×1/2	67	45	67	48	45	75	56	21	56	24	4	40
80×20	3×3/4	68	48	68	50	45	75	56	24	55	26	2	38
80×25	3×1	70	51	69	54	45	75	56	27	55	30	1	37
80×32	3×1¼	71	55	71	58	45	75	55	31	55	34	−1	35
80×40	3×1½	73	58	73	60	45	75	55	34	55	36	−3	33
80×50	3×2	74	64	74	65	45	75	55	40	55	41	−4	32
80×70	3×2½	76	71	76	75	45	75	54	47	54	51	−7	19
100×15	4×1/2	80	50	81	53	50	85	69	22	70	25	3	46
100×20	4×3/4	82	53	83	56	50	85	69	25	70	28	1	44
100×25	4×1	83	56	84	60	50	85	69	28	70	32	0	43
100×32	4×1¼	85	59	86	63	50	85	69	31	70	35	−2	41
100×40	4×1½	87	62	87	66	50	85	69	34	69	38	−4	39
100×50	4×2	93	68	93	72	50	85	73	40	74	44	−5	38
100×70	4×2½	95	79	95	83	50	85	73	51	73	55	−8	35
100×80	4×3	97	86	97	88	50	85	73	58	73	60	−10	33

表1—3　　　　　　　　管箍和外螺纹接头管件留量尺寸　　　　　　　mm

公称直径		l	l_1	l_2	l_3	l_4
mm	in					
15	1/2	13	5	4	8	40
20	3/4	15	10	6	13	45
25	1	16	10	8	17	53
32	1¼	19	10	8	18	57
40	1½	21	10	8	18	61
50	2	23	14	10	22	70
70	2½	28	10	8	22	80
80	3	30	10	10	—	87
100	4	35	15	18	—	98

查表方法举例说明。例如，现查一个内螺纹为 $R_c1/2''$ 同径可锻铸铁三通的管件留量尺寸，从图1—9中可知，管件留量尺寸用 l_1 表示，内螺纹直径用 d 表示。

查表 1—1，当 $d = R_c 1/2''$ 时，l_1 所对应的数值为 15，因此，该管件的管件留量尺寸为 15 mm。

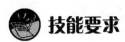

技能要求

管段的下料长度的确定和计算

一、操作准备

(1) 管道安装图、管件留量尺寸表等。
(2) 计算器、纸、笔等。

二、操作步骤

计算和确定管段下料长度的流程如图 1—12 所示。

图 1—12　计算和确定管段下料长度的流程

步骤 1　熟悉管道安装图

熟悉图样的目的是为了了解设计意图、工艺要求，弄清系统走向、标高、位置和交叉物等。熟悉图样一般应与现场观察、设计交底结合进行。

步骤 2　查找构造长度及尺寸规格

按管段编号依次在图中找到各管段的构造长度、管径、与管段相连接的管件的尺寸规格，并列表记录。干管上的支路一般使用三通（或四通）引出，若干管与支管管径相同，所使用的三通为同径三通，否则为异径三通，根据管径就可确定管件的尺寸规格。

步骤 3　确定管件留量

根据记录表上所统计的管件的规格、尺寸、材质等查管件留量尺寸表，将查出的管件留量填写在记录表中。

步骤 4　计算下料长度

在计算前，要核对数据是否完整，然后将数据代入公式中，可用计算器计算。

管段下料长度计算公式有助于操作人员的预制加工，方便地编制材料计划等。下面举一个例子，介绍下料长度的计算方法。

如图 1—8 所示，假设图中 $L_构$ 为 500 mm，管段两端的三通均为异径可锻铸铁三通，内螺纹为 3/4×1/2，在图 1—10 中，以 l_2 表示管件留量尺寸，查表 1—2，得 l_2＝15，这里的 l_2 就相当于公式中的 a。将已知数据代入公式中得：

$$L_下 = L_构 - 2a = 500 - 2 \times 15 = 470 \, (mm)$$

步骤 5　填写计算结果

将计算好的下料长度按管段编号填写到相应栏目中。

三、注意事项

（1）当阀件、仪表元件的留量尺寸无法从表中查到时，可用相应的外螺纹管件或管子试拧入，通过其安装长度和拧入的螺纹长度，间接获得留量尺寸。

（2）管段的构造长度、管径及管件的尺寸规格等的统计必须非常认真，只有数据准确，计算结果才准确。

第 2 节　管道的强度和严密性试验

室内燃气管道的压力试验包括强度试验和严密性试验。至全部系统支管表前阀门时，可进行不带燃气表的强度试验或严密性试验，室内燃气管道的压力试验介质宜为空气，严禁用水。

燃气是一种易燃易爆的气体，如果发生燃气泄漏，将引发严重的安全、质量事故。因此，室内燃气管道安装完工后必须进行压力试验。其目的就是检验管道的可靠性和安全性，使燃气管道能够安全正常运行，避免重大恶性事故的发生。

以高于工作压力的压力（1.5 倍工作压力）试验管道中管子、管件及焊缝强度的试验称为强度试验。目的是检查管子、管件及焊缝接头在制造和安装过程中造成的缺陷而引起的破坏及有害变形。

以工作压力（设计压力）试验管道中法兰、螺纹等可拆卸连接处是否泄漏的试验称为严密性试验。强度试验比严密性试验要求高，严密性试验一般紧接着强度试验进行。严密性试验的目的主要是检验管道各连接部位有无泄漏现象。

学习单元 1 按规范要求对室内燃气管道进行强度试验

 **学习目标**

➢ 熟悉 CJJ 94—2009 8.2 相关规定

➢ 能按规范要求对室内燃气管道进行强度试验

 **知识要求**

一、CJJ 94—2009 8.2 相关规定

8.2 强度试验

8.2.1 室内燃气管道强度试验的范围应符合下列规定：

1 明管敷设时，居民用户应为引入管阀门至燃气计量装置前阀门之间的管道系统；暗埋或暗封敷设时，居民用户应为引入管阀门至燃具接入管阀门（含阀门）之间的管道；

2 商业用户及工业企业用户应为引入管阀门至燃具接入管阀门（含阀门）之间的管道（含暗埋或暗封的燃气管道）。

8.2.2 待进行强度试验的燃气管道系统与不参与试验的系统、设备、仪表等应隔断，并应有明显的标志或记录，强度试验前安全泄放装置应已拆下或隔断。

8.2.3 进行强度试验前，管内应吹扫干净，吹扫介质宜采用空气或氮气，不得使用可燃气体。

8.2.4 强度试验压力应为设计压力的 1.5 倍且不得低于 0.1 MPa。

1 设计压力小于 10 kPa 时，试验压力为 0.1 MPa；

2 设计压力大于或等于 10 kPa 时，试验压力为设计压力的 1.5 倍，且不得小于 0.1 MPa。

8.2.5 强度试验应符合下列规定：

1 在低压燃气管道系统达到试验压力时，稳压不少于 0.5 h 后，应用发泡剂检查所有接头，无渗漏、压力计量装置无压力降为合格；

2 在中压燃气管道系统达到试验压力时，稳压不少于 0.5 h 后，应用发泡剂

检查所有接头，无渗漏、压力计量装置无压力降为合格；或稳压不少于 1 h，观察压力计量装置，无压力降为合格；

3 当中压以上燃气管道系统进行强度试验时，应在达到试验压力的 50％时停止不少于 15 min，用发泡剂检查所有接头，无渗漏后方可继续缓慢升压至试验压力并稳压不少于 1 h 后压力计量装置无压力降为合格。

二、室内燃气管道强度试验方法

根据管道施工图的设计压力确定试验压力，一般不小于 0.1 MPa，编制试验方案。根据 CJJ 94—2009 8.2 的规定，试验范围内的管道，除涂漆和隔热层外，已按施工图全部完成。安装质量经外观和焊缝无损检验合格；按试验要求对管道进一步加固，对不参与和参与的管道进行隔断，在待试验的管道上连接空气压缩机和试验装置等。启动空气压缩机，打开阀门升压，达到试验压力后稳压，并在管道各接口处刷肥皂水，在有气泡出现的地方画记号，放气修补，然后复试，用刷肥皂水的方法试漏，直至试验合格。

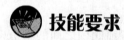 **技能要求**

室内燃气管道的强度试验

一、操作准备

（1）试验方案已编制。

（2）螺纹连接、法兰连接部位及其他待检部位尚未做涂漆和隔热层。

（3）小型空气压缩机、肥皂水、毛刷、弹簧管压力表（量程为被测最大压力的 1.5～2 倍，精度为 0.4 级）。

二、操作步骤

室内燃气管道强度试验操作流程如图 1—13 所示。

步骤 1 外观检查

外观检查包括：室内燃气管道与其他各类管道的最小平行、交叉净距（结合尺量）；燃气管道螺纹连接根部管螺纹外露 1～3 扣，镀锌钢管和管件的镀锌层和螺纹露出部分防腐良好，接口处无外露密封材料；铜管钎焊的钎缝表面应光滑，不得有气孔、未熔合、较大焊瘤及钎焊边缘被熔融等缺陷；管道支架安装平正牢固，排列整齐，支架与管道接触紧密。

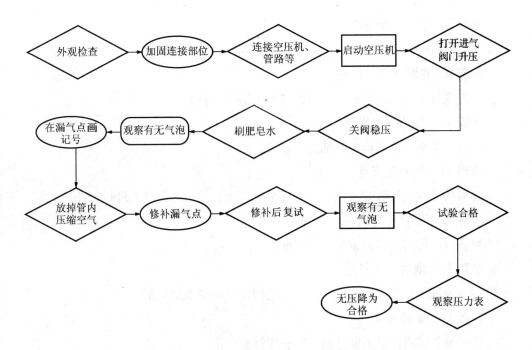

图 1—13　室内燃气管道强度试验操作流程

步骤 2　加固连接部位

进一步加固是为了检查是否有忘记连接和连接不牢的现象，避免在试压时发生意外。

步骤 3　连接空压机、管路等

压力试验一般采用移动式空气压缩机供应压缩空气。压力试验装置一般采用弹簧管式压力表测定压力，压力表应在检验有效期内，其量程不得大于试验压力的 2 倍，精度不低于 0.4 级，表盘直径应不小于 150 mm。试压时压力表应不少于 2 块，分别安装在试压管段的两端。

步骤 4　启动空压机

启动空压机，向参与试验的燃气管道内充气。

步骤 5　打开进气阀门升压

打开进气阀门，让试验压力均匀缓慢地上升。

步骤 6　关阀稳压

一边充压，一边对管道进行观察，当达到试验压力后，稳压 0.5 h，然后检漏。

步骤 7　刷肥皂水

用小毛刷蘸肥皂水刷每一个接口（包括焊口）所有部位。刷时要仔细，最好一个接口刷 2 次或 3 次，对有缝钢管的管身焊缝也要检查。

步骤 8　观察有无气泡

有漏气点时，会把肥皂水吹起气泡来，观察有无气泡出现。

步骤 9　在漏气点画记号

当发现有漏气点，要及时画出漏气点的准确位置。

步骤 10　放掉管内压缩空气

待检查完毕，将管内的压缩空气放掉。

步骤 11　修补漏气点

管内的压缩空气放完（试验压力降至大气压）后，对漏气处进行修补。

步骤 12　修补后复试

修补后，再用同样的方法进行试漏。

步骤 13　观察有无气泡

对修补过的漏气处重点试验，其他连接部位还要重复试漏。

步骤 14　试验合格

经过重复试漏，已无漏气点，则强度试验合格。

步骤 15　观察压力表

初次试漏经稳压未发现漏气点，可观察压力表。

步骤 16　无压降为合格

在整个稳压过程中，压力表无压力降，则强度试验合格，做好原始记录。

三、注意事项

（1）刷肥皂水时，燃气管道靠近墙的一面不能漏刷，要设法观察到位。

（2）当中压以上燃气管道系统进行强度试验时，应在达到试验压力的 50% 时停止不少于 15 min，用发泡剂检查所有接头，无渗漏后方可继续缓慢升压至试验压力，并稳压不少于 1 h 后压力计量装置无压力降为合格。

 学习单元 2　按规范要求对室内燃气管道进行严密性试验

 **学习目标**

➤ 熟悉 CJJ 94—2009　8.3 相关规定

➤ 能按规范要求对室内燃气管道进行严密性试验

 **知识要求**

一、CJJ 94—2009　8.3 相关规定

8.3　严密性试验

8.3.1　严密性试验范围应为引入管阀门至燃具前阀门之间的管道。通气之前还应对燃具前阀门至燃具之间的管道进行检查。

8.3.2　室内燃气系统的严密性试验应在强度试验之后进行。

8.3.3　严密性试验应符合下列要求：

1　低压管道系统

试验压力应为设计压力且不得低于 5 kPa。在试验压力下，居民用户应稳压不少于 15 min，商业和工业企业用户应稳压不少于 30 min，并用发泡剂检查全部连接点，无渗漏、压力计无压力降为合格。

当试验系统中有不锈钢波纹软管，覆塑铜管、铝塑复合管、耐油胶管时，在试验压力下的稳压时间不宜小于 1 h，除对各密封点检查外，还应对外包覆层端面是否有渗漏现象进行检查。

2　中压及以上压力管道系统

试验压力应为设计压力且不得低于 0.1 MPa。在试验压力下稳压不得小于 2 h，用发泡剂检查全部连接点，无渗漏、压力计量装置无压力降为合格。

8.3.4　低压燃气管道严密性试验的压力计量装置应采用 U 形压力计。

二、室内燃气管道严密性试验方法

严密性试验一般紧接着强度试验进行，即当强度试验合格后，放掉试验管段中的部分空气，使管内空气压力降至严密性试验压力，即可进行严密性试验。

1. 试验范围

(1) 从引入管阀门（进气总阀门）至燃具前阀门之间的管道。

(2) 通气之前还应对燃具前阀门至燃具之间的管道进行检查。

2. 试验压力

(1) 低压燃气管道试验压力应为设计压力且不得低于 5 kPa。

(2) 中压及以上燃气管道试验压力为设计压力，且不得低于 0.1 MPa。

21

3. 试验装置

严密性试验时可采用如图 1—14 所示的装置。中压燃气管道严密性试验采用弹簧管压力表测压，低压燃气管道可采用最小刻度为 1 mm 的 U 形管压力计测量。

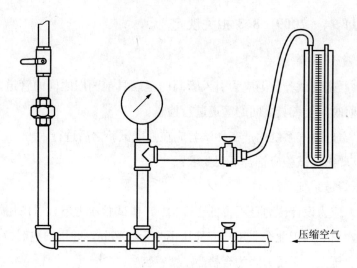

压缩空气

图 1—14　室内燃气管道严密性试验装置

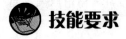 技能要求

室内燃气管道的严密性试验

严密性试验一般紧跟着强度试验进行。

一、操作准备

（1）试验方案已编制。

（2）螺纹连接、法兰连接部位及其他待检部位尚未做涂漆和隔热层。

（3）小型空气压缩机、肥皂水、毛刷、弹簧压力表（量程为被测最大压力的 1.5～2 倍，精度为 0.4 级）、U 形管压力计（最小刻度为 1 mm）。

二、操作步骤

室内燃气管道严密性试验操作流程如图 1—15 所示。

步骤 1　释放部分空气

强度试验合格后，打开放气阀，注意开度不要太大，缓慢释放试验管段中的部分空气。

图 1—15　室内燃气管道严密性试验操作流程

步骤 2　关闭放气阀门

一边放气，一边观察压力表，当管内空气压力降至严密性试验压力时，立即关闭放气阀门。

步骤 3　稳压

达到试验压力后观测或稳压时间应符合以下要求：

（1）低压燃气管道试验时间。居民用户试验 15 min，商业和工业用户试验 30 min，观察压力表，无压力降为合格。

当试验系统中有不锈钢波纹软管，覆塑铜管、铝塑复合管、耐油胶管时，在试验压力下的稳压时间不宜小于 1 h，除对各密封点检查外，还应对外包覆层端面是否有渗漏现象进行检查。

（2）中压燃气管道试验时间。稳压不小于 2 h，达到稳压时间后，观测 1 h 无压力降为合格。

步骤 4　观察压力计

稳压期间，要经常观察压力表压力变化情况（中压燃气管道）或 U 形管压力计两液面变化情况（低压燃气管道），并做好记录。

步骤 5　无压降为合格

确认无压力降，试验结束。

三、注意事项

（1）严密性试验过去允许有压降，现在的要求是不允许有压降。

（2）试验用压力计或 U 形管压力计必须保证必要的精度，并在检验的有效期内，否则，不能保证试验的准确性。

（3）试验介质可采用空气或惰性气体，严禁采用氧气。

学习单元 3　填写强度试验和严密性试验记录

压力试验记录是工程验收的重要文件之一，必须认真准确填写管道系统压力试验记录表。

学习目标

➤ 熟悉管道系统压力试验记录表的主要内容
➤ 能够填写强度试验和严密性试验记录

知识要求

管道系统压力试验记录见表1—4。

表 1—4　　　　　　　　　　管道系统压力试验记录

项目：							工号：		
编号	材质	设计参数		强度试验			严密性试验		
		压力（MPa）	介质	压力（MPa）	介质	鉴定	压力（MPa）	介质	鉴定

建设单位：　　　　　　　　　_____单位　　　　　　　施工单位：

　　　　　　　　　　　　　　　　　　　　　　　　　　检验员：

　　　　　　　　　　　　　　　　　　　　　　　　　　试验人员：

　　　　　　年　月　日　　　　　　　　年　月　日　　　　　　　　年　月　日

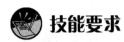 **技能要求**

强度试验和严密性试验记录填写

一、操作准备

管道系统压力试验记录表、签字笔、文件夹等。

二、操作步骤

填写压力试验记录操作流程如图 1—16 所示。

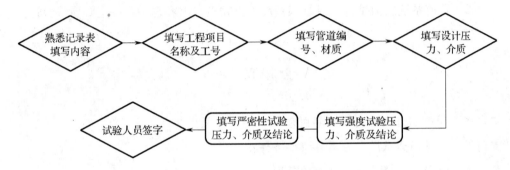

图 1—16 填写压力试验记录操作流程

步骤 1 熟悉记录表填写内容

记录表填写的内容主要有工程项目的名称、工号、被测燃气管段编号、管子的材质、管路设计压力参数、强度试验压力参数、严密性试验压力参数及主管部门、建设单位、施工单位签字栏等。

步骤 2 填写工程项目名称及工号

工程项目名称和工号在设计图样上能查到，例如，××××小区室内燃气管道安装工程，工号 05。

步骤 3 填写管道编号、材质

被测管道要预先编好号，从设计图样上了解管道的材质，然后填入表格中。

步骤 4 填写设计压力、介质

设计压力是设计图样上的标称值，这里的试验介质是图样所规定的介质。

步骤 5 填写强度试验压力、介质及结论

填写强度试验压力、介质、试验结论时要按编号逐项逐行填写。要求数据准确，字迹工整。

步骤6　填写严密性试验压力、介质及结论

填写严密性试验压力、介质、试验结论时要按编号逐项逐行填写。要求数据准确，字迹工整。

步骤7　试验人员签字

施工单位参与试验的人员对填写的所有数据和结论认真核实后，在试验人员签字处签字。

三、注意事项

（1）填写管道系统压力试验记录表一定要严肃认真，不可弄虚作假。

（2）管道系统压力试验记录是工程竣工验收检查内容之一，一定要妥善保管。

思　考　题

1. 室内燃气管道压力试验包括哪些内容？
2. 室内燃气管道压力试验前应具备哪些条件？
3. 简述室内燃气管道强度试验的试验范围。
4. 简述室内燃气管道严密性试验的试验范围。
5. 室内燃气管道压力试验的试验压力是如何规定的？

第2章

燃气灶具的维修

随着我国城镇燃气事业的发展，大量国内外多功能燃气灶具相继进入千家万户。这些灶具在使用过程中出现的各种问题，需要维修工及时给予解决。国外进口燃气灶由于国内外燃气的差异，有些设备不适合我国国情，须进行改装或转换。

第1节　多功能燃气灶具检修

多功能燃气灶具比普通燃气灶科技含量高、功能齐全、使用方便，但出现的问题比较复杂，维修工必须掌握一定的维修基础知识和技能。

 学习目标

➤ 熟悉自动点火装置的种类、主要结构及工作原理

➤ 熟悉 GB 16410—2007　5.2.7.1、5.2.10、5.3.7.5、6.12 的相关规定

➤ 熟悉 GB 16410—2007　5.2.7.2、5.2.7.3 的相关规定

➤ 熟悉燃气互换性与灶具适应性的基本知识

 **知识要求**

一、多功能燃气灶具

1. 多功能灶具的发展动态

（1）国外多功能灶具的发展动态

欧洲的燃气灶具起步早，起点比较高，对全球的灶具市场影响比较大，我国嵌入式灶具的雏形就是从欧洲引进的。欧洲的家用灶具分电灶和燃气灶两种形式。为追求厨房家电产品的总体搭配，即整体厨房观念，市场上基本以嵌入式灶具和落地式灶具为主。燃烧器以带杯体的上进风燃烧器为主流，热流量较小，燃烧器最大一般不超过 3.2 kW，较小的燃烧器在 1.0 kW 以下。大火力不受欧洲市场重视，主要是欧洲人的生活习惯对火力无太多要求，但对清洁性和安全性要求较高。欧洲的灶具单从外观上分不出产品的档次，其区别主要集中在面板款式的变化和功能的增加应用上，其档次也更多地从功能的多少、燃烧器个数搭配上来区分。

（2）我国多功能燃气灶具的发展动态

随着我国燃气事业的蓬勃发展，特别是西气东输工程的开展，我国大中城市的燃气普及率越来越高。家用燃气灶具作为老百姓必备的家用炊具，发展也非常迅猛，我国大中城市居民家庭用燃气灶普及率已超过 80%。随着人民生活水平的提高，人们对燃具的要求也越来越高。燃气灶具在用途、面板材质、外观以及功能上都有了长足的发展。

在用途上从单一的双眼灶发展出烘烤器、烤箱、烤箱灶和饭锅等，少数产品在结构上增加了电磁炉或电烤箱，扩展了使用功能。20 世纪 90 年代开始引入了嵌入式家用燃气灶具。由于嵌入式灶具在具备了色彩丰富、款式多样、易于清洁等特点的同时，能较好地适应整体厨房的装修风格，深受广大用户的青睐，市场份额已逐步超过台式燃气灶，成为市场的主流。由于中国人的烹饪方式与西方不同，灶具的热流量要求较大，多为 4.0 kW 左右。点火方式主要采用压电陶瓷点火和电脉冲点火，部分产品设置了防止意外熄火、漏气和防面板爆裂等自动保护装置。

随着环境恶化和能源问题形势的日渐严峻，节能和环保成为世界性的主题。我国在"十一五"规划当中将节能减排列为重中之重。对如何降低燃烧过程中的氮氧化物及一氧化碳的排放和对更安全更高燃烧效能的追求，促进了燃烧新技术的不断涌现，成为燃烧技术发展的趋向，从而带动了燃烧过程的智能化控制技术的发展，促进了更高燃烧效率新产品的出现。目前在燃气灶具上应用的新技术主要有低

NO_x 的燃烧排放技术、红外线辐射加热技术、催化燃烧技术等。

随着科学技术的发展，为节省人力并能保证燃气应用设备安全、可靠、经济、方便地工作，在燃气用具上都装有各自不同的自动调节和安全控制装置。这些装置基本上不用人直接监视和操纵，而能对整个燃烧过程进行自动调节和控制。

灶具市场的需求方向就是灶具市场的发展方向，因此燃气灶具市场的发展方向就是要满足消费者日益增长的潜在需求，即是向高效节能、环保、安全、功能化和智能化方向发展。

1）高效节能技术的发展趋势。随着国家和社会对节能要求的提高，老百姓对节能意识的增强，一些灶具厂商加大了这方面的投入和开发，一些新产品、新技术被广泛地应用。

①红外燃烧技术。利用陶瓷板被加热到 800～1 000℃产生的红外线辐射加热，由于降低了对流换热的热损失，提高了热效率。陶瓷面板红外燃烧器如图 2—1 所示。

图 2—1　陶瓷面板红外燃烧器

②催化燃烧技术。在燃烧器面板上涂上催化剂，利用催化燃烧加快燃烧反应，减少过剩空气量，从而提高热效率。

③通过改变燃烧器的进风方式或增加烟气与锅底的接触面积等方式提高热效率。

2）低污染排放的趋势。在我国灶具的发展过程中，烟气中氮氧化物的排放一直不是很受重视，在我国现行的商用燃具和家用燃具标准中，只有《家用燃气快速热水器》（GB 6932—2001）对氮氧化物进行了分级评定，但未作强制规定。实际上，氮氧化物的毒性超过了一氧化碳对人体的危害。随着人们对环保排放的重视，不少企业也开始重视氮氧化物的排放问题，低氮氧化物燃烧器应运而生，但是解决好产品价格、低污染排放、高热效率是以后灶具发展的方向。

3）更安全、多功能的趋势。随着生活水平的提高，人们在选购灶具时，价格已不再是左右选购的主要因素。灶具的安全性能、与橱柜家电的整体效果已经成为选购的主要因素，这正是消费者逐渐成熟的表现。生产厂家也逐渐由拼价格到拼安全、拼理念。在功能上不断翻新，如增加熄火保护装置、再点火装置、防干烧装置以及漏气报警装置等，燃气灶具正朝着更舒适、更安全、更美观的方向发展。

2. 多功能灶具的型号、规格、性能、主要结构及特点

（1）多功能灶具的型号、规格

1）家用燃气灶具的类型按不同的分类方式有不同的分法，见表2—1。

表2—1　　　　　　　　　　家用燃气灶的类型

分类方式	分类内容
按燃气类别	人工燃气灶具、天然气灶具、液化石油气灶具
按灶眼数	单眼灶、双眼灶、多眼灶
按结构形式	台式、嵌入式、落地式、组合式、其他形式
按加热方式	直接式、半直接式、间接式
按功能不同	灶、烤箱灶、烘烤灶、烘烤器、烤箱、饭锅、气电两用灶

家用灶具类型代号按功能不同用大写汉语拼音字母表示为：

JZ——燃气灶，JKZ——烤箱灶，JHZ——烘烤灶，JH——烘烤器，JK——烤箱，JF——饭锅。

气电两用灶类型代号由燃气灶具类型代号和带电能加热的灶具代号组成，用大写汉语拼音字母表示为：

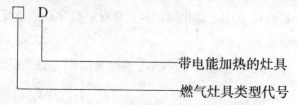

灶具的型号由灶具的类型代号、燃气类别代号和企业自编号组成，表示为：

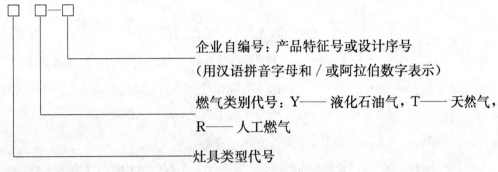

企业自编号：产品特征号或设计序号
（用汉语拼音字母和／或阿拉伯数字表示）

燃气类别代号：Y—— 液化石油气，T—— 天然气，
R—— 人工燃气

灶具类型代号

例如：

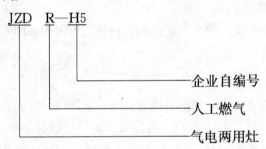

企业自编号

人工燃气

气电两用灶

通常，家用燃气灶具单个燃烧器的额定热负荷小于等于 5.23 kW，燃气烤箱和燃气烘烤器的额定热负荷小于等于 5.82 kW，燃气饭锅的额定热负荷小于等于 4.19 kW，每次焖饭的最大稻米量小于等于 4 L，气电两用灶的总额定输入功率小于等于 5.00 kW。

2）燃气商用灶种类繁多，主要有中餐炒菜灶、大锅灶、蒸箱、西餐灶、烤鸭炉、汤锅、饼炉、沙锅灶等。以炊用燃气大锅灶为例对其类型和规格作一介绍（见表 2—2）。

表 2—2　　　　　　　　　　　　大锅灶的类型

分类方式	分　类　内　容
按燃气类别	人工煤气大锅灶、天然气大锅灶、液化石油气大锅灶、沼气大锅灶
按燃烧方式	扩散式大锅灶、大气式大锅灶、鼓风式大锅灶
按排烟方式	间接排烟式大锅灶、直接排烟式大锅灶

大锅灶的型号编制为：

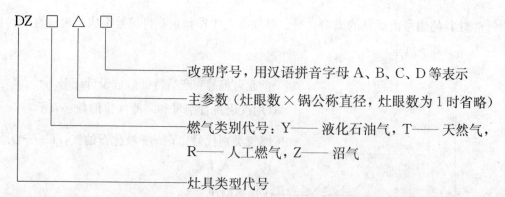

改型序号，用汉语拼音字母 A、B、C、D 等表示

主参数（灶眼数×锅公称直径，灶眼数为 1 时省略）

燃气类别代号：Y——液化石油气，T——天然气，

R—— 人工燃气，Z—— 沼气

灶具类型代号

例如：型号为 DZR 1000—A，表示一个人工煤气炊用燃气大锅灶，锅的公称直径为 1 000 mm，第一次改型。

大锅灶一般为金属组装式或砖砌式，单个灶眼的额定热负荷不大于 80 kW，锅的公称直径不小于 600 mm。

（2）多功能灶具的结构

民用燃气灶具由供气系统、燃烧系统、辅助系统和点火系统四部分组成。

家用燃气灶结构上一般由进气管、开关旋钮、燃烧器、风门、熄火保护装置、盛液盘、灶面、锅支架和框架等基本零部件组成。图 2—2 所示为一种较常见的嵌入式家用燃气灶。

图 2—2　嵌入式家用燃气灶

中餐燃气炒菜灶是饭店、酒家、食堂必备的燃气设备之一。一般它配备有两个主炒菜灶和一个带容器的煮汤灶，有的在灶上还置有水龙头。在炒菜灶上共有 3 个燃烧器，每个燃烧器在炒菜灶的面板上都有控制开关，可单独控制每个燃烧器的开启和关闭。在炒菜灶燃烧器上方装有锅支架，锅支架应有一定的倾角，以便于炒菜时翻炒。图 2—3 所示为一款中餐燃气炒菜灶。

图 2—3　中餐燃气炒菜灶

民用燃气灶具最常见的燃烧方法为大气式燃烧，所需空气依靠燃气本身的压力从周围大气环境中获得，不需要其他动力。图 2—4 所示为一种大气式燃烧器。燃烧器由引射器和燃烧器头部组成，引射器和燃烧器头部成一个整体的为连体型燃烧器，引射器和燃烧器头部分成两部分的为分体型燃烧器。引射器从结构上可划分为吸入段、喉部及混合段三部分，其主要功能是将燃气燃烧所需的空气全部或部分地吸入引射器并使之与燃气充分混合。燃烧器头部的结构通常有整体型和分体型两种。整体型燃烧器常为铸铁铸造，火孔直接用钻头在其表面加工而成。分体型由燃烧器底座和火盖组合而成，较为常见。底座常为铸铁件，火盖有用铸铁、铜和不锈钢制成的。

（3）多功能灶具的主要性能和特点

《家用燃气灶具》（GB 16410—2007）对家用燃气灶的主要性能和技术指标规定如下：

1）灶具的气密性应满足：从燃气入口到燃气阀门在 4.2 kPa 压力下，漏气量小于等于 0.07 L/h；自动控制阀在 4.2 kPa 压力下，漏气量小于等于 0.55 L/h；用最高试验压力下的基准气点燃燃烧器，从燃气入口到燃烧器火孔应无燃气泄漏现象。

火盖

头部

引射器

图2—4　大气式燃烧器（家用灶）

2）每个燃烧器的实测折算热负荷与额定热负荷的偏差应在10%以内，总实测折算热负荷为单个燃烧器实测折算热负荷的85%。两眼及两眼以上的燃气灶和气电两用灶应有一个主火，其实测折算热负荷：普通灶大于等于3.5 kW，红外线灶大于等于3.0 kW。

家用燃气灶具的燃烧工况要求见表2—3。

表2—3　　　　　　　　　家用燃气灶具的燃烧工况要求

项目	要求
火焰传递	4 s着火，无爆燃
离焰	无离焰
熄火	无熄火
火焰均匀性	火焰均匀
回火	无回火
燃烧噪声	≤65 dB
熄火噪声	≤85 dB
干烟气中一氧化碳浓度（理论空气系数＝1），体积百分数	≤0.05%
黑烟	无黑烟
接触黄焰	电极不应经常接触黄焰

续表

项目	要求
小火燃烧器燃烧稳定性	无熄火、无回火
使用超大型锅时，燃烧稳定性	无熄火、无回火
烤箱门开闭时 ——主燃烧器燃烧稳定性 ——小火燃烧器燃烧稳定性	 无熄火、无回火 无熄火、无回火
烤箱控温器工作时 ——燃烧稳定性 ——火焰传播	 无熄火、无回火 易于点燃，无爆燃

家用燃气灶具的使用性能要求见表 2—4。

表 2—4　　　　　　　　　家用燃气灶具的使用性能要求

使用性能	要求
燃气灶及组合灶具的燃气灶眼的热效率 ——台式灶 ——嵌入式灶	 ≥55% ≥50%
烘烤器及组合灶具中的烘烤器单元的烘烤性能	食品表面无大面积焦痕，内部无夹生
烤箱及组合灶具中的烤箱单元 ——烘烤性能 ——烤箱内各点与烤箱几何中心点的温差 ——烤箱几何中心点的温度达到 200℃ 的时间 ——烤箱内的最高温度 ——控温器的精度 ——温度指示器的精度	 食品表面无大面积焦痕 ≤20℃ ≤20 min ≥230℃ ±25℃ 以内 ±25℃ 以内
饭锅及组合灶具中的饭锅单元 ——焖饭功能 ——具有保温燃烧器的饭锅的保温性能 ——电子保温饭锅的保温性能 ——热效率	 不夹生、不烧焦 米饭中心温度不低于 80℃，无明显焦疤 米饭中心温度在（71±6）℃，无明显异味和褐色 ≥55%

此外，标准中还对家用燃气灶具的温升、耐热冲击、耐重力冲击、安全装置、点火装置、电气性能、耐用性能、耐振动性能、耐跌落性能、包装承压性能等作了具体规定。

《中餐燃气炒菜灶》（CJ/T 28—2003）对中餐燃气炒菜灶的主要性能和技术指标规定见表 2—5。

表 2—5　　　　　　　　　　中餐燃气炒菜灶的技术要求

项目			性能
气密性		燃气系统漏气量	7.5 kPa 压力下，漏气量应小于 0.07 L/h
		从炒菜灶进口至燃烧器火孔前	1.5 倍燃气额定供气压力下点燃无泄漏
热流量准确度		热流量准确度	≤±10%
		总热流量准确度	两个燃烧器炒菜灶不应小于 90%，三个及以上燃烧器不应小于 85%
燃烧工况		火焰传递	点燃一处火孔后，火焰应在 4 s 内传遍所有火孔，且无爆燃
		火焰状态	清晰、均匀、无黄焰、无黑烟
		主火燃烧器稳定性	无熄火、无回火，离焰火孔数不超过 10%
	燃烧噪声	非鼓风式	≤65 dB
		鼓风式	≤85 dB
	熄火噪声	非鼓风式	≤85 dB
		鼓风式	≤85 dB
	干烟气中 CO（$\alpha=1$）	间接排烟式	≤0.10%（$O_2<16\%$）
		烟道排烟式	≤0.20%（$O_2<16\%$）
		小火燃烧器火焰稳定性	不得产生离焰或回火，在主燃烧器点燃或熄灭时，不得产生熄火现象

此外，标准中还对中餐燃气炒菜灶的挠度和热变形挠度、熄火保护装置、表面温升、耐久性试验、点火率、电气性能等作了具体规定。

目前民用燃气灶具都装有自动点火系统。烤箱除装有自动点火系统外，还装有温度调节系统（控温器）。燃气饭锅灶上装有饭锅温控装置。有些燃气灶具还装有油温过热控制装置和时间控制装置。为了提高燃气灶具使用的安全性，防止中途意外熄火导致的事故，2008 年 5 月开始执行的《家用燃气灶具》（GB 16410—2007）要求家用燃气灶具都必须安装熄火保护装置。

二、《家用燃气灶具》GB 16410—2007 有关安全装置的规定

5.2.7.1　熄火保护装置

灶具熄火保护装置应满足：

a）开阀时间≤15 s；

b）闭阀时间≤60 s。

5.2.10 电气性能

5.2.10.1 使用交流电源的灶具，电气性能应满足表5要求。

表5　电气性能的要求

项目	性能要求
防触电保护	防触电保护性能应满足： ——试验指应不能碰触到带电部件 ——仅用基本绝缘与带电部件隔开的部件、类结构的部件，试验销应不能触及到带电部件 ——对正常使用中可能用叉子或类似尖锐物品能偶然触及的，长试验销应不能触及带电部件
室温下的泄漏电流和电气强度	灶具的泄漏电流应满足： ——Ⅰ类电动灶具不应超过 3.5 mA ——Ⅰ类电热灶具不应超过 1 mA 或 1 mA/kW，两者中取较大值，但最大≤10 mA ——Ⅱ类灶具不应超过 0.25 mA ——Ⅲ类灶具不应超过 0.5 mA ——电磁灶头不应超过 0.7 mA（峰值）乘以以 kHz 为单位的工作频率或70 mA（峰值），两者中选较小者
	电气强度： 灶具绝缘承受 1 min 频率为 50 Hz 或 60 Hz 基本为正弦波的试验电压，在试验期间，不应出现闪络和击穿 试验电压值和施加部位均有具体规定
在工作温度下的泄漏电流和电气强度	在工作温度下，灶具的泄漏电流应符合： ——Ⅰ类电动灶具不应超过 3.5 mA ——Ⅰ类电热灶具不应超过 1 mA 或 1 mA/kW，两者中取较大值，但最大≤10 mA ——Ⅱ类灶具不应超过 0.25 mA ——Ⅲ类灶具不应超过 0.5 mA ——电磁灶头不应超过 0.7 mA（峰值）乘以以 kHz 为单位的工作频率或70 mA（峰值），两者中选较小值
	在工作温度下的电气强度： 灶具绝缘承受 1 min 频率为 50 Hz 或 60 Hz 基本为正弦波的试验电压，在试验期间，不应出现闪络和击穿 试验电压值如下： ——对在正常使用中承受安全特低电压的基本绝缘为：500 V ——对其他基本绝缘为：1 000 V ——对附加绝缘为：2 750 V ——对加强绝缘为：3 750 V
接地电阻	接地端子或接地触点与接地金属部件之间的连接，应具有低电阻，接地电阻不应超过 0.1 Ω

续表

项目	性能要求
耐潮湿	灶具的耐潮湿性能应满足： 灶具在经过溢水试验后，立即经受电气强度试验，应不击穿 灶具经过潮湿处理后，立即经受电气强度试验，应不击穿
额定输入功率偏差	灶具的额定输入功率偏差应满足： 所有灶具，输入功率≤25 W时，偏差＜＋20% 电热灶具和联合型灶具： ——输入功率＞25～200 W时，偏差在±10%以内 ——输入功率＞200 W时，—10%＜偏差＜5%或20 W（选较大值）
	电动灶具： ——输入功率＞25～300 W时，偏差＜20% ——输入功率＞300 W时，偏差＜15%或60 W（选较大值）

试验方法见 6.15.1。

5.2.10.2　使用直流电源的灶具，当直流电源电压异常时，应满足：

——电压低落到额定电压的 70%，安全保护功能正常，不妨碍使用；

——电压低落到零伏，灶具处于安全保护状态或正常使用状态。

试验方法见 6.15.2。

5.3.7.5　熄火保护装置应符合：

a）燃烧器未点燃、意外熄火或火焰检测器失效时，应能关闭燃烧器的燃气通路；

b）火焰检测器与燃烧器的相对位置，在正常使用状态下应保持不变。

6.12　安全装置试验

安全装置试验见表 20（略）。

三、GB 16410—2007　5.2.7.2、5.2.7.3、5.2.11 相关规定

《家用燃气灶具》（GB 16410—2007）中规定：

5.2.7.2　饭锅温控装置

饭锅温度控制装置的闭阀温度应为试验处水沸点的 0.5～4.5℃以内。

试验方法见 6.12。

5.2.7.3　油温过热控制装置

油的最高温度≤300℃。

试验方法见 6.12。

5.2.11　耐用性能

灶具的耐用性能应满足表 6 要求，试验方法见 6.12。

烤箱控温器的耐用性能应满足：

a）电磁阀方式动作 30 000 次后，箱内温度合格，不妨碍使用。

b）直接动作阀方式：

——带旁通的动作 1 000 次后，气密性及箱内温度合格，不妨碍使用；

——不带旁通的动作 6 000 次后，气密性及箱内温度合格，不妨碍使用。

饭锅温控器动作 1 000 次后，气密性合格，焖饭性能不变。

四、燃气互换性与灶具适应性知识

1. 燃气的互换性

随着我国燃气事业的不断发展，供气规模、气源类型、用具类型都在不断增加。具有多种气源的城市越来越多。然而，不同燃气的成分、热值、密度和燃烧特性都不相同。任何燃具都是按一定的燃气成分设计的。当燃气成分改变而使其热值、密度和燃烧特性发生变化时，燃具燃烧器的热负荷、一次空气系数、燃烧稳定性、火焰结构、烟气中一氧化碳和氮氧化物含量等燃烧工况都会发生改变。因此，以一种燃气代替另一种燃气时，必须考虑互换性问题。

虽然燃烧器是按一定的燃气成分设计的，但即使在燃烧器不加重新调整的情况下，也能适应燃气成分的某些改变。当燃气成分变化不大时，燃烧器燃烧工况虽有改变，但尚能满足燃具原设计要求，则这种变化是允许的。但当燃气成分变化较大时，燃烧器燃烧工况的改变使得燃具不能正常工作，那么这种变化就是不允许的。设某一燃具以 a 燃气为基准进行设计和调整，由于某种原因要以 s 燃气置换，如果燃烧器此时不加任何调整而能保证燃具正常工作，则表示 s 燃气可以置换 a 燃气，或称 s 燃气对 a 燃气而言具有互换性。a 燃气称为基准气，s 燃气称为置换气。如果燃具不能正常工作，则称 s 燃气对 a 燃气而言没有互换性。

互换性并不总是可逆的，也就是说 s 燃气能置换 a 燃气，并不代表 a 燃气一定能置换 s 燃气。

根据燃气互换性的要求，当供给用户的燃气性质发生改变时，置换气必须对基准气具有互换性，否则不能保证用户安全、经济用气。因此，可以说燃气互换性限制了燃气性质的任意改变。

2. 燃具的适应性

两种燃气是否能够互换，并非孤立地取决于燃气性质本身，还与燃具燃烧器及其他部件的性能有密切联系。例如，s 燃气能在某些燃具中置换 a 燃气，但是却不能在另一些燃具中置换。也就是说，有些燃具能同时适应 a、s 两种燃气，有些燃具却不能同时适应。燃具的适应性是指燃具对于燃气性质变化的适应能力。如果燃具能在燃气性质变化范围较大的情况下正常工作，就称燃具的适应性大；反之，就称其适应性小。

决定燃具适应性大小的主要因素是燃具燃烧器的性能，但燃具的其他性能，例如二次空气的供给情况，燃烧空间也能影响其适应性。

燃具的适应性是指燃具不加任何调整而能适应燃气变化的能力。即当燃气性质有某些改变时，燃具不加任何调整，其热负荷、一次空气系数和火焰特性的改变不超过某一极限，以保证燃具仍能维持正常的工作状态。

3. 燃气的互换性和燃具的适应性的关系

燃气的互换性和燃具的适应性是一个事物的两个方面。互换性是指为了保证燃具的正常工作，燃气性质的变化不能超过某一范围；适应性是指一个合格的燃具应能适应燃气性质的某些变化。互换性是对燃气品质提出的要求，适应性则是对燃具性能提出的要求。

从燃气互换性角度看，工业燃具和民用燃具的情况是不同的。工业燃具大多有仪表控制，有专人管理，有较好的运行条件。当燃气性质发生改变时，可以通过调节来达到满意的燃烧工况。因此，一般来讲，工业燃具对燃气互换性的要求较低。民用燃具的情况则不同，民用燃具分布在千家万户，燃具在安装时经燃气专业人员一次调整后，一般不再反复调整。民用用户不允许燃气中断，也不能用其他燃料代替燃气。绝大多数民用用户缺乏使用燃气的专门知识，如果将不能互换的燃气任意供给民用用户，就会出现离焰、回火、黄焰和不完全燃烧事故。因此，在考虑燃气互换性时，主要考虑的是在民用燃具上的互换性。如果在民用燃具上能够互换，则在一般工业燃具上也能够互换。

4. 华白数

当以一种燃气置换另一种燃气时，首先应保证燃具的热负荷在互换前后不发生过大的变化。以家用燃气灶具为例，如果热负荷减小太多，就达不到烧煮食物的工艺要求，烧煮时间也会加长；如果热负荷增大太多，就会使燃烧工况恶化。

当燃烧器喷嘴前压力不变时，燃具热负荷 Q 与燃气热值 H 成正比，与燃气相对密度的平方根 $\sqrt{s}$ 成反比：

$$W = \frac{H}{\sqrt{s}}$$

式中　W——华白数，也称热负荷指数；

　　　H——燃气热值，按各国习惯，有些取高热值，有些取低热值，我国取高
热值；

　　　s——燃气相对密度。

燃具的热负荷与华白数成正比：

$$Q = KW$$

式中　K——比例常数。

华白数是代表燃气特性的一个参数。两种热值和密度均不相同的燃气，只要它
们的华白数相等，就能在同一燃气压力下和同一燃具上获得相同的热负荷。如果其
中一种燃气的华白数比另一种大，则热负荷也比另一种大。

如在燃气互换时有可能改变管网压力工况，从而改变燃烧器喷嘴前的压力 H_g，
则压力 H_g 也成为影响燃烧器热负荷的因素。燃烧器热负荷与喷嘴前压力的平方根
$\sqrt{H_g}$ 成正比，将 $H\sqrt{\dfrac{H_g}{s}}$ 称为广义华白数：

$$W_1 = H\sqrt{\dfrac{H_g}{s}}$$

式中　W_1——广义华白数；

　　　H_g——喷嘴前压力。

当燃气热值、相对密度和喷嘴前压力同时改变时，燃烧器热负荷与广义华白数
成正比：

$$Q = K_1 W_1$$

式中　K_1——比例常数。

当燃气性质改变时，除引起燃烧器热负荷改变外，还会引起燃烧器一次空气系
数的改变。根据大气式燃烧器引射器的特性，一次空气系数 α' 与 $\sqrt{s}$ 成正比，与理
论空气量 V_0 成反比。因此一次空气系数 α' 与华白数 W 成反比：

$$\alpha' = K_2 \dfrac{1}{W}$$

式中　K_2——比例常数。

从以上分析可以看出，如果两种燃气具有相同的华白数，则在互换时就能保持
相同的热负荷和一次空气系数。如果置换气的华白数比基准气大，则在置换时燃具
热负荷将增大，而一次空气系数将减小。反之，如果置换气的华白数比基准气小，

则在置换时燃具热负荷将减小，而一次空气系数将增大。

一般规定在两种燃气互换时华白数的变化不大于±（5%～10%）。

5. 火焰特性对燃气互换性的影响

在互换性问题产生的初期，由于置换气和基准气的化学、物理性质相差不大，燃烧特性比较接近，因此用华白数作为指标就可以控制燃气互换性。但是随着燃气气源种类的不断增多，出现了燃烧特性差别较大的两种燃气的互换性问题。这种情况下，单靠华白数指标就不足以判断两种燃气是否可以互换。此时还必须采用火焰特性这个较为复杂的因素。火焰特性是指产生离焰、黄焰、回火和不完全燃烧的倾向性，它与燃气的化学、物理性质有关。

燃气灶具通常采用引射式大气式燃烧器，具有部分预混火焰的特性。部分预混火焰由内焰和外焰两部分组成，当燃气性质和燃烧器火孔构造已定时，一次空气系数的大小决定了火焰的形状和高度。一次空气系数大，火焰短，有回火倾向，火焰为硬火焰。一次空气系数小时，火焰拉长，回火倾向性小，火焰为软火焰。对于民用燃具燃烧器而言，过硬和过软的火焰都是不合适的。正常的部分预混火焰应该具有稳定的、燃烧完全的火焰结构，而不正常的部分预混火焰则会产生离焰、回火、黄焰和不完全燃烧等现象。较理想的部分预混火焰的内焰焰面应轮廓鲜明。而外焰气流的自由流动则不受到阻碍，化学反应条件也不受到破坏，以保证在内焰焰面产生的不完全燃烧产物在外焰能达到完全燃烧。

以燃烧器火孔热强度 q_p 为纵坐标，以一次空气系数 α' 为横坐标，在该坐标系上作出离焰、回火、黄焰和燃烧产物中 CO 极限含量等四条燃烧特性曲线（见图2—5）。不同燃气在同一燃具上的燃烧特性曲线各不相同，反映出两种燃气对离焰、回火、黄焰和不完全燃烧的不同倾向性。燃烧器上火孔的尺寸、排列方式和制造用的材料等因素均会对特性曲线的位置产生影响。但只要两种燃具的基本形式相同，则不同燃气在这两种燃具上所作出的特性曲线的相对位置保持不变。该特性表明两种燃气如果在典型燃具上能够互换，那么在其他类似燃具上也能够互换。

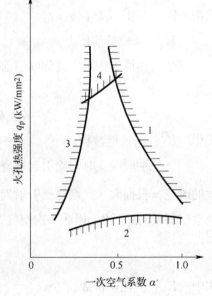

图2—5　火焰燃烧特性曲线

1—离焰极限　2—回火极限

3—黄焰极限　4—CO极限含量

当燃气温度不变时，某一燃具的运行工况取决于燃气的燃烧特性、火孔热强度和一次空气系数。前一因素决定了特性曲线在 q_p—α' 坐标系上的位置，后两因素决定了燃具运行点在 q_p—α' 坐标系上的位置。只有当运行点落在特性曲线范围内时，燃具的运行工况才是满意的。当燃气性质改变时，燃气的燃烧特性和华白数同时改变。燃气燃烧特性的改变引起特性曲线位置的改变，华白数的改变引起燃具运行点的改变。从互换性角度看，当以一种燃气置换另一种燃气时，应保证置换后燃具的新工作点落在置换后新的特性曲线范围之内。

6. 互换性的判定

一种燃气能否置换另一种燃气，可以用表征热负荷、火焰稳定性、黄焰和不完全燃烧的一系列指标来判定。20 世纪 20 年代后期，美国燃气协会（A. G. A.）开始进行系统的燃气互换性研究，1946 年之后形成了较为完整的指数判定方法。主要有 A. G. A. 指数判定法和韦弗（Weaver）指数法。法国燃气公司从 1950 年开始由德尔布（P. Delbourge）主持进行互换性研究，直到 1965 年才得到了较完善的成果。

（1）A. G. A. 互换性判定法

美国燃气协会（A. G. A.）对热值大于 32 000 kJ/m³ 的燃气的互换性进行了系统研究，得出了离焰、回火和黄焰三个互换指数表达式，用于判断两种燃气是否可以互换。

1）离焰互换指数。离焰互换指数表达式如下：

$$I_L = \frac{K_a}{\dfrac{f_a a_s}{f_s a_a}\left(K_s - \lg \dfrac{f_a}{f_s}\right)}$$

式中　I_L——离焰互换指数；

　　　K_a、K_s——基准气和置换气的离焰极限常数；

　　　f_a、f_s——基准气和置换气的一次空气因数；

　　　a_a、a_s——基准气和置换气完全燃烧每释放 105 kJ 热量所需消耗的理论空气量。

一次空气因数 f 的表达式如下：

$$f = \frac{\sqrt{s}}{H_h}$$

式中　f——一次空气因数；

　　　s——燃气相对密度；

　　　H_h——燃气高热值，kJ/m³。

在预先算出基准气和置换气的 f、a、K 后，即能用离焰互换指数判定这两种燃气是否可以互换。

2）回火互换指数。回火互换指数表达式如下：

$$I_F = \frac{K_s f_s}{K_a f_a} \sqrt{\frac{H_s}{H_a}}$$

式中　I_F—— 回火互换指数；

K_a、K_s—— 基准气和置换气的离焰极限常数；

f_a、f_s—— 基准气和置换气的一次空气因数；

H_a、H_s—— 燃气高热值，kJ/m^3。

A.G.A. 用许多置换气在各种典型燃具上作了试验，确定了为防止回火所必需的极限值。

3）黄焰互换指数。黄焰互换指数表达式如下：

$$I_Y = \frac{f_s a_a}{f_a a_s} \frac{\alpha'_{ay}}{\alpha'_{sy}}$$

式中　I_Y—— 黄焰互换指数；

f_a、f_s—— 基准气和置换气的一次空气因数；

a_a、a_s—— 基准气和置换气完全燃烧每释放 105 kJ（100 英热单位）热量所需消耗的理论空气量；

α'_{ay}、α'_{sy}—— 基准气和置换气的黄焰极限一次空气系数。

只有当离焰互换指数、回火互换指数、黄焰互换指数同时符合规定的范围时，置换气才能置换基准气。

（2）德尔布互换性判定法

1）校正华白数。校正华白数表达式如下：

$$W' = K_1 K_2 W$$

式中　W'—— 校正华白数；

K_1—— 与燃气中氢、碳氢化合物（除甲烷外）、二氧化碳有关的校正系数；

K_2—— 与燃气中含氧量和燃气热值有关的校正系数；

W—— 华白数。

2）燃烧势。燃烧势的表达式如下：

$$C_P = \frac{a H_2 + b CO + c CH_4 + d C_m H_n}{\sqrt{s}}$$

式中 C_P——燃烧势；

H_2、CO、CH_4、C_mH_n——燃气中氢、一氧化碳、甲烷和碳氢化合物（除甲烷外）的体积成分；

a、b、c、d——相应的系数。

将具有不同校正华白数 W' 和燃烧势 C_P 的燃气在典型燃具上进行试验，就可以在坐标系上作出等离焰线、等回火线和等 CO 线。这三条曲线所限制的范围就是具有不同 W' 值和 C_P 值的燃气在该燃具上的互换范围。

第 2 节　多功能燃气灶具的维修

学习单元 1　点火装置的维修

学习目标

➢ 了解压电陶瓷点火装置和脉冲点火装置的失效原因
➢ 能对损坏的点火装置进行维修

知识要求

一、自动点火装置的种类、主要结构及工作原理

燃烧设备的点火方式分为手动点火和自动点火两种。手动点火方式以引火棒点火为主，自动点火方式有小火点火、炽热丝点火和电火花点火等几种形式。下面分别介绍这几种自动点火装置的主要结构及工作原理。

1. 小火点火

小火点火是一种早期的简单点火装置，它由点火源向燃气混合物传递热量来点燃燃气。它又分为直接点火和间接点火两种形式。

（1）直接点火

只有一个固定的小火引火器，如图2—6所示。有时为防止被风吹熄，加一个耐热金属网罩。在小火点燃后，它将长明不熄。当需要点燃主燃烧器3时，将主燃烧器阀门4打开，即可自动点燃主燃烧器。

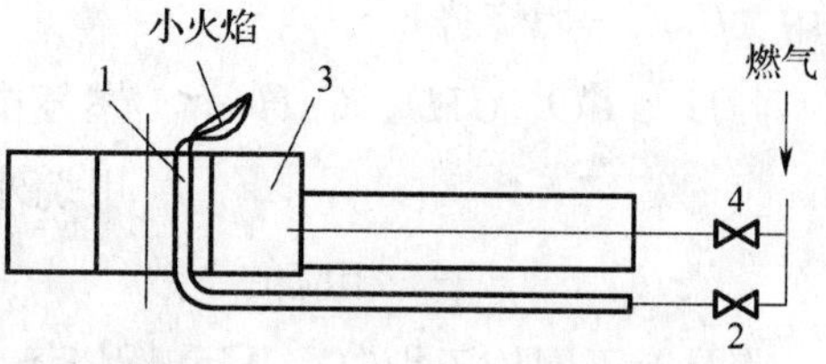

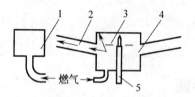

图2—6　直接式小火点火装置

1—小火点火器　2—点火器阀门

3—主燃烧器　4—主燃烧器阀门

（2）间接点火

不仅有一个固定的小火点火器，还有引火管或爆炸室，既能起到防风作用，又能减少固定小火点火器的数目。为了防止长明小火被喷溅的汤汁等浇灭、被风吹熄，家用灶具上常采用间接式点火，按其结构可分为引火管式点火器和爆炸室式点火器两种形式，如图2—7、图2—8所示。

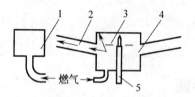

图2—7　引火管式小火点火器

1—主燃烧器　2—引火嘴　3—引火管

4—小火罩　5—长明小火

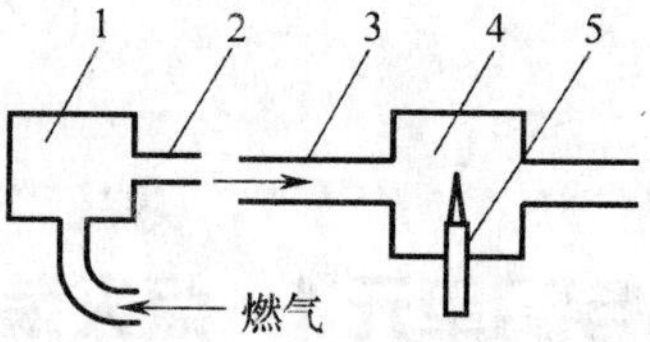

图2—8　爆炸室式小火点火器

1—主燃烧器　2—引火管　3—小火罩

4—爆炸室　5—长明小火

小火点火装置结构简单，点火可靠。但因小火长明，既浪费燃气又有被风吹熄的可能，不适合自动化技术发展的要求。

2. 炽热丝点火

炽热丝点火系统主要由三部分组成：小火点火器、电源、开关和热丝点火元件，如图2—9所示。点火时电路接通，热丝开始发热，再由热丝将小火点燃。热丝即电阻丝，有金属热丝点火元件，如铂丝、铂铑丝，还有非金属热丝点火元件，主要有碳化硅和二硅化钼两种热丝。

热丝点火的优点是点火可靠，缺点是需要外加电源。

3. 电火花点火

电火花点火是利用点火装置产生的高压电在两

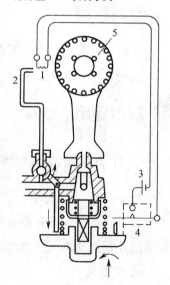

图2—9　炽热丝自动点火装置

1—热丝　2—小火点火器　3—电池

4—电开关　5—主燃烧器

极间隙间产生电火花，来点燃燃气。目前在民用燃具上几乎都使用电火花点火方式。常用的电火花点火装置可分为压电陶瓷点火装置和电脉冲点火装置两种形式。

（1）压电陶瓷点火装置

压电陶瓷点火装置实际上是一种单脉冲点火装置。给压电陶瓷施加一定的压力，就会产生压电效应，产生 $8\sim18\ kV$ 的高压。这种高压能击穿 $4\sim6\ mm$ 的电极间隙，产生电火花，用以点燃燃气，如图 2—10 所示。借外力使压电陶瓷相撞击，产生高压，利用高压导线输出，在两电极之间放电，点燃两电极间的燃气。

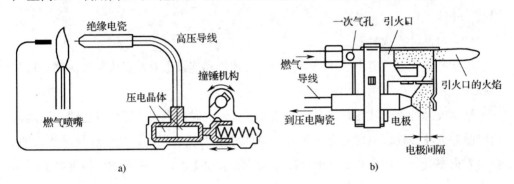

图 2—10　压电陶瓷点火装置

a）压电点火装置原理图　b）电极与引火口构造图

压电点火装置由内装压电晶体的旋塞部件、撞锤机构、高压电线、电极和引火口等组成。压电点火装置结构如图 2—11 所示。它的点火方式是先用电火花点燃小火，再通过小火将主燃烧器点燃。

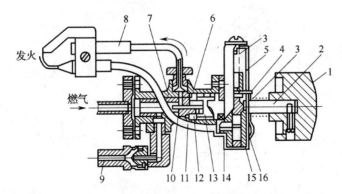

图 2—11　压电点火装置结构图

1—手钮　2—旋转轴　3—压簧　4—限位钉　5—弹簧座　6—阀门　7—阀芯
8—小火　9—主燃烧器喷嘴　10—阀杆　11—导线　12—弹簧　13—旋转体
14—电阻　15—压电陶瓷组（A、B 两块压电陶瓷）　16—异形拨击簧片

工作原理如下：转动手钮 1，旋转轴 2 带动异形拨击簧片一起旋转，限位钉 4 在拨击簧片作用下产生位移。由于旋转轴 2 与旋转体 13 是斜面接触，所以当旋转轴 2 旋转时，斜面将阀杆 10 前推，燃气与小火沟通。与此同时，阀芯 7 也随之转动，燃气进入主燃烧器，当异形拨击簧片 16 旋转到一定程度时与限位钉脱离接触，弹簧座 5 失去控制，压簧 3 伸长撞击压电陶瓷，产生高压电，在导线 11 的电极上放出电火花，将小火点燃。小火随后将主燃烧器点燃。这一点火过程是在旋转手钮的瞬间完成的。当松开手钮，由于弹簧 12 的作用，旋转轴 2 的斜面复位，阀杆 10 退回，小火关闭。

（2）电脉冲点火装置

电脉冲点火装置有电子线路单脉冲点火装置和连续电脉冲点火装置两种。目前用在燃气用具上的多为连续电脉冲点火装置。

连续电脉冲点火装置是指当按下燃具点火开关时，点火装置可以连续不断地放出电脉冲火花。连续电脉冲点火装置与单脉冲点火装置相比，其优点是操作方便，点火着火率高。民用燃具上的电脉冲点火装置有以干电池作电源的晶体管电子电路点火装置和以市电为电源的自动点火控制系统。

图 2—12 所示是干电池脉冲点火装置，由开关、干电池及电子点火器组成。使用时，用手旋转旋钮，接通燃气，同时开关闭合，电路接通，此时电子点火器的变压器产生高压脉冲，电极间产生电火花，点燃小火燃烧器。

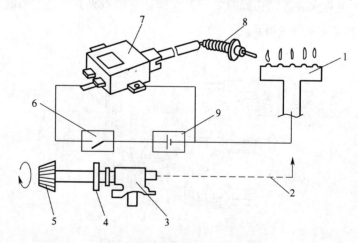

图 2—12　干电池脉冲点火装置

1—燃烧器　2—燃气　3—燃气开关　4—阀　5—旋钮　6—微动开关

7—点火变压器　8—电极　9—电池（1.5 V）

二、压电陶瓷点火装置和脉冲点火装置的失效原因

《家用燃气灶具》（GB 16410—2007）对电点火装置的规定是点 10 次应有 8 次以上点燃，不能连续 2 次失效，无爆燃。试验时每次点火应在燃烧器接近室温时进行并预先进行数次预备性点火。单发式压电点火器一回操作为一次，每次控制在 0.5～1 s；回转式点火器以转动一回为一次，每次控制在 0.5～1 s；使用交流电或直流电源的连续放电式或加热丝式点火器，以在点火位置上停留 2 s 为一次。电点火装置出现故障时，应不影响安全。

1. 压电陶瓷点火装置的失效原因

压电陶瓷点火装置失效的主要原因如下：

（1）气路系统问题

1）气源开关未开或气压不足。

2）胶管压扁、扭折或堵塞。

3）气压太高造成气流速度太快，冲击电火花。

4）点火喷嘴太大，造成气流过大，冲击电火花。

（2）电路系统问题

1）电路系统接触不良，电源线脱落或松动，如点火输出电缆未与瓷头连接牢固等。

2）输出电缆破损，造成超近打火。

3）高压电极间隙不合适，点火电极、感应电极受到污染。

（3）点火装置内部故障

开关总成内部撞击块磨损或破裂。

2. 脉冲点火装置的失效原因

脉冲点火装置失效的主要原因如下：

（1）气路系统问题

1）气源开关未开或气压不足。

2）胶管压扁、扭折或堵塞。

3）气压太高造成气流速度太快，冲击电火花。

4）点火喷嘴太大，造成气流过大，冲击电火花。

（2）电路系统问题

1）脉冲点火器无电池或电池电压不足或电池正负极装反。

2）电路系统接触不良，电源线脱落或松动，如点火输出电缆未与瓷头连接牢

固等。

3）输出电缆破损，造成超近打火。

4）高压电极间隙不合适，点火电极、感应电极受到污染。

（3）点火装置内部故障

脉冲点火总成微动开关接触不良。

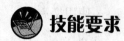 **技能要求**

点火装置的维修

一、操作准备

（1）压电陶瓷点火装置总成或配件、脉冲点火器、点火针、高压点火引线等。

（2）活扳手、旋具等。

二、操作步骤

点火装置维修的基本程序如图2—13所示。

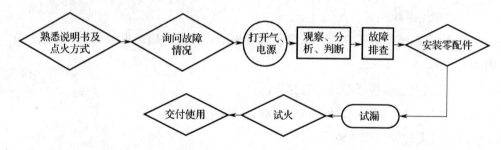

图2—13　点火装置维修基本程序

步骤1　熟悉说明书及点火方式

熟悉灶具使用说明书，了解待修灶的点火方式，确定是压电陶瓷点火还是脉冲点火，脉冲点火电源是采用电池还是用市电，点火装置如何使用等。

步骤2　询问故障情况

向用户询问点火装置故障情况，包括点火装置故障具体现象、出现故障灶具的使用时间、是否更换过电池等。使用时间较短的灶具点火装置内部发生故障的可能性较小，使用时间较长的灶具点火装置内部发生故障的可能性加大。

步骤3　打开气、电源

打开气、电源，开启燃气灶。

步骤 4 观察、分析、判断

反复点火，仔细观察打火状况。若点火不着，确认点火装置故障存在，则应对故障原因进行分析判断，确认是气路问题、电路问题还是点火装置内部问题引发点火装置失效。

步骤 5 故障排查

关闭气源，根据判断结果进行相应的故障排查（见表 2—6）。

表 2—6 点火装置故障原因及维修方法

故障现象	故障原因	维修方法
电极间有火花	气路问题 ①气源开关未开或气压不足 ②胶管压扁、扭折或堵塞 ③气压太高 ④点火喷嘴太大 ⑤点火喷嘴堵塞	①打开气源开关或更换新钢瓶或询问供气企业该地区是否停气 ②清除堵塞物，矫正或更换胶管 ③适当调整气源开关开度，以降低气压 ④更换点火喷嘴 ⑤用细钢丝通点火喷嘴
电极间无火花或火花微弱	电路问题 ①无电池或电池电压不足或电池正负极装反 ②电源线脱落或松动 ③输出电缆破损 ④电极间隙不合适 ⑤点火电极、感应电极有污染	①测电压，正确安装电池或更换电池 ②用力插紧或用 502 胶或其他胶粘牢 ③更换电缆、绝缘瓷体或将破损处用绝缘胶布包好 ④调整点火电极至合理距离 ⑤清洁电极 注：用市电的维修时注意关闭电源
电极间无火花	总成内部故障 ①总成内部撞击块磨损或破裂 ②总成微动开关接触不良 ③压电陶瓷损坏	①更换新撞击块，并正确安装 ②修理或更换微动开关，如无法修复则更换总成 ③更换压电陶瓷
旋钮开关旋不动	①开关卡死，非旋钮部件损坏 ②开关旋钮、零部件损坏	①拆卸旋钮，清洁后加润滑油脂，重新装好 ②更换开关及自动点火装置
不打火	前面板螺钉松动	拧紧螺钉

步骤 6 安装零配件

安装检修时拆下的零配件，组装灶具。

步骤 7 试漏

灶具试漏，组装完成后的灶具应进行气密性检查，如有泄漏应重新组装，确认无泄漏方可进行下一步操作。

步骤 8　试火

打开气源，开启燃气灶，反复点火。如点火正常，点火装置操作灵活自如，则点火装置维修完成；否则应重新按步骤 4~7 进行故障排查。

步骤 9　交付使用

确认点火装置维修完成后，应对灶具进行试火，待火焰燃烧正常后方可交付用户使用。

三、注意事项

（1）在对点火装置进行维修前，应仔细阅读使用说明书。

（2）点火燃烧器的位置应易于点燃主燃烧器，且不接触主燃烧器火焰，不使其他部件过热。

（3）点火装置的各引出线应尽量远离火焰，接线尽量用焊接方式，长度应尽量缩短并加以固定，必要时采取绝缘、隔热等措施。

（4）高压电极的间隙应根据说明书和实际操作情况调整到最佳距离。点火电极间的间距、电极与点火燃烧器之间的相对位置应准确固定，在正常使用状态下不应移动。

（5）点火器高压带电部件与非带电金属部件之间的距离应大于点火电极间的距离，点火操作时不应发生漏电。高压放电处应尽量避开操作者可能接触和靠近的位置，手可能接触的高压带电部件应进行良好的绝缘。

（6）如燃具长期不使用，有电源的应断开电源。

 学习单元 2　安全装置的维修

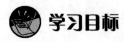 **学习目标**

➤ 了解燃气灶常见保护装置的种类及工作原理

➤ 了解燃气灶熄火保护装置的失效原因

➤ 能对损坏的安全装置（熄火保护装置）进行维修

知识要求

一、燃气灶常见保护装置的种类及工作原理

多功能灶的安全保护装置有十余种，如熄火保护、回火保护、过热保护、缺氧保护和防触电保护（使用交流电）等。广泛用于民用燃具上的是过热保护、缺氧保护和熄火保护，其中熄火保护装置是国家灶具标准规定的必须安装的保护装置。

熄火保护装置是燃气控制系统中重要的组成部分。当燃烧设备内的火焰熄灭时，熄火保护装置能自动切断燃气，防止燃气继续进入燃烧设备，以免发生爆炸事故，从而保证燃气燃烧设备的安全运行。常见熄火保护装置主要有双金属片式（又称热敏式）、热电式、离子感应（焰）式三种。另外，还有光电式、火焰棒式及热敏电阻式熄火保护装置。

1. 双金属片式熄火保护装置

双金属片式熄火保护装置由双金属片、传动机构和燃气阀等组成，其结构如图 2—14 所示。

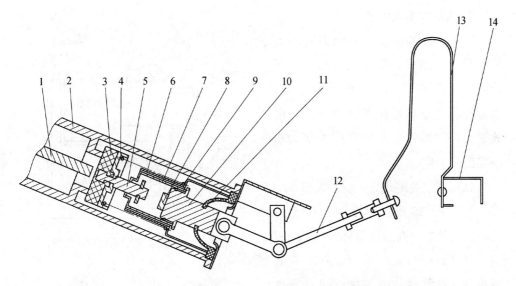

图 2—14　双金属片式熄火保护装置

1—旋塞阀顶杆　2—旋塞阀体　3—密封垫　4—弹簧座　5，10—阀杆

6—外套筒　7—内套　8—磁铁　9—回位弹簧　11—橡胶膜片

12—传动机构　13—双金属片　14—固定支架

双金属片是由膨胀系数差异很大的两种金属薄片复合而成。当温度升高时，双金属片向线性膨胀系数小的一侧弯曲，这种偏位与温度变化近似成正比关系，双金属片式熄火保护装置正是利用了双金属片在温度的作用下膨胀弯曲的这一特性而起保护作用的。

将双金属片安装在燃气灶燃烧器附近，使燃烧时火焰能接触到双金属片，将燃气阀安装在燃气灶的旋塞阀内控制燃气通路的启闭，在双金属片与燃气阀间用传动机构连接。启动燃气灶时，用手按压燃气灶旋钮并旋转，旋塞阀顶杆将燃气阀打开，燃气阀的阀杆5被内部的磁铁吸合（此时弹簧力小于磁铁吸力），燃气到达燃烧器火孔，被电火花点燃。火焰使双金属片受热膨胀弯曲，双金属片的弯曲力通过传动机构拉动阀杆10使内套筒向后移动，致使阀杆5与磁铁脱开（由于内套筒后移，弹簧进一步被压缩，此时弹簧力大于磁铁吸力），并将阀杆5定位在开阀状态，保证燃气灶正常燃烧。当燃气灶意外熄火时，双金属片因无火焰加热而慢慢冷却复位，燃气阀在弹簧力的作用下将燃气通路关闭。

双金属片式熄火保护装置的优点是结构简单、成本低。但缺点是安装困难，对双金属片的安装位置及旋塞阀与燃气阀的配合都有很高要求，且热惯性大，开阀及闭阀时间长，使用寿命短。

2. 热电式熄火保护装置

这种保护装置以热电偶为火焰传感元件、电磁阀为执行元件组成。当火焰意外熄灭时，热电偶能够感知，电磁阀随之自动切断燃气通路。热电式熄火保护装置主要有直接关闭式和隔膜阀式两种。

（1）直接关闭式熄火保护装置

如图2—15所示，按下气阀钮1，此时点火装置（高压放电针8）产生的电火花点燃长明火种9。热电偶10的感热部分被加热。由于热电偶具有热惯性，需维持该状态一段时间，直到

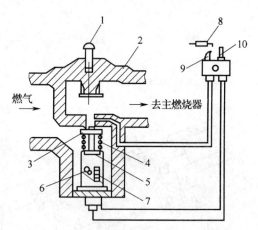

图2—15 直接关闭式熄火保护装置

1—气阀钮 2—气阀体 3—密封垫 4—弹簧
5—衔铁 6—铁心 7—感应线圈
8—高压放电针 9—长明火种 10—热电偶

热电偶产生的电流能够激励电磁阀的铁心6和衔铁5保持吸合状态，才能松开气阀钮1。

如在使用过程中火焰熄灭或其他原因造成热电偶热端温度下降，导致热电偶

10 产生的电流减小，当电流量降低到一定值时，电磁阀的铁心 6 和衔铁 5 脱离。此时在弹簧力的作用下，电磁阀的密封垫 3 将切断气路，从而防止事故的发生。

目前在家用燃气灶上主要采用如图 2—16 所示的热电式熄火安全保护装置，它由热电偶和电磁阀两部分组成。

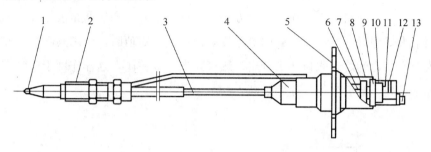

图 2—16 热电式熄火安全保护装置

1—感热部 2—固定部 3—引线 4—接插件 5—阀座 6—线圈 7—铁心 8—阀套

9—衔铁 10—弹簧 11—阀轴 12—托板 13—密封垫

热电偶是由两种不同的合金材料组合而成，最常见和常用到的有镍（Ni）铬（Cr）合金的极性为正，镍（Ni）硅（Si）合金的极性为负。不同的合金材料在温度的作用下会产生不同的热电势，热电偶正是利用不同合金材料在温度的作用下产生的热电势不同制造而成，它利用了不同合金材料的电热差值。当热电偶被火焰加热后产生一个热电势，此热电势在通过和它相连接的电磁阀的回路时产生电流，电流激励电磁阀磁体产生磁性，从而完成电磁阀的开阀动作。

这种安全保护装置在燃气灶上的实现比较简单。它是将电磁阀固定在燃气灶的旋塞阀内控制燃气通路，热电偶固定在燃气灶的燃烧器附近，热电偶的引线与电磁阀连接。需要工作时，按压旋塞阀并旋转，在按压旋塞阀时旋塞阀内的顶杆将电磁阀顶开，当燃气释放到燃烧器时，被点火火花点燃。因热电偶的惯性作用，在燃气被点燃后还需要按压住旋塞阀保持电磁阀的开阀状态，等到被加热的热电偶所产生的热电动势足以维持电磁阀的吸合状态时才能松开旋塞阀，以保持燃气灶的正常工作，此按压时间为 3～5 s。当燃气灶在正常工作中发生意外熄火现象时，热电偶因无火焰加热而慢慢冷却，热电势也随之慢慢减小直至消失，电磁阀因无激励电流而失去磁性在弹簧力的作用下复位，从而将燃气通路关闭，阻止燃气外泄，达到了安全保护的作用。

热电式熄火保护装置具有结构简单、安装方便、成本较低的特点，目前已得到广泛应用。热电式熄火保护装置的缺点是热惯性大、反应速度慢（开、闭电磁阀的时间较长），使用寿命短，且旋塞阀与电磁阀的安装配合精度要求较高。

（2）隔膜阀式熄火保护装置

其工作原理与直接关闭式熄火保护装置基本相同，不同之处是隔膜阀式熄火保护装置利用塑料隔膜来切断气路。

如图2—17所示，电磁阀吸合时，控制薄膜上方压力的燃气入口4被关闭，同时燃气排出口5开启，作用在薄膜上方的压力逐渐下降，燃气通路被打开。如在燃具使用中火焰熄灭，热电偶提供的电流逐渐减小到一定值时，电磁阀断开，此时控制薄膜上方压力的燃气入口4被开启，燃气排出口5关闭，这样作用于薄膜上方的压力不断升高，最后将燃气通路切断。

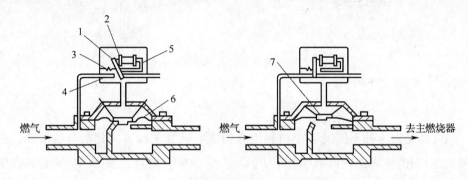

图2—17　隔膜阀式热电熄火保护装置

1—衔铁　2—铁心　3—弹簧　4—燃气入口　5—燃气排出口　6—薄膜　7—密封胶垫

3. 离子感应式熄火保护装置

离子感应式熄火保护装置是利用燃气在燃烧时火焰带有离子并具有单向导电性的特性而起保护作用的。这种熄火保护装置不受光、热、磁的干扰，反应灵敏，动作迅速，由早期的直流检火发展到现在的交流检火，使可靠性得到了大幅度提高。

离子感应式熄火保护装置是由控制盒（控制电路）、电磁阀（执行元件）、离子检火针（感应元件）组成。

交流检火的工作原理是：在离子检火针上加入交流电压，利用火焰具有明显的单向导电性，而漏电流具有双向导电性这一特点，在电路中采用交直流信号识别电路来区分火焰离子电流和漏电流，达到检出火焰信号去掉漏电流信号，防止误动作和熄火保护的目的。图2—18所示为火焰离子电流检测与识别电路。

图2—18中IC1为离子电流检测放大器，IC2、R4、R5、D1、D2、C2构成真假信号识别电路，B为交流信号源。加于火焰上的电压是正负极性交替变化的。燃气被点燃后，电路中将产生单向脉动电流I，在电阻R1上将产生下正上负的电压。此时在IC1输出端产生放大了的负向脉动电压，经R5、D2对电容C2充电，C2上

的电压为下正上负，IC2 输出低电平。若火焰意外熄灭，R1 中无电流通过，IC1 输出零电平，C2 上的电压为零，IC2 输出高电平。

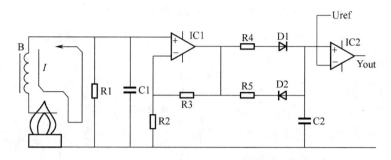

图 2—18　火焰离子电流控制与识别电路

利用 IC2 有火焰信号时输出低电平，无火焰信号或检火针产生漏电流时输出高电平这一功能，控制相应的执行机构，达到避免误动作和熄火保护的作用。

4. 光电式熄火保护装置

光电式熄火保护装置是以光电管为火焰的感知元件，以电磁阀为执行元件。光电管在感知燃具火焰熄灭时，发出一个信号，这个信号经放大后，控制电磁阀切断燃气通路。

光电式熄火保护装置除光电管外，还可用光电池、光敏电阻等一系列元件作传感元件。其主要优点是可靠性好，动作迅速，而且可与自动点火、各种自动保护及报警等功能兼容。但由于目前其制作较复杂、成本较高，并且要引入交流电，因此一般用在工业燃具及高档民用燃具中。

图 2—19 所示是一个带有报警电路的较为简单的光电式熄火保护装置。其工作原理是当燃具正常燃烧时，光敏元件 V1 因受到近红外线的辐射而内阻下降，V2、V3 导通，从而使 V5 导通并触发 V6 导通，由电源提供电流保持电磁阀的吸合状

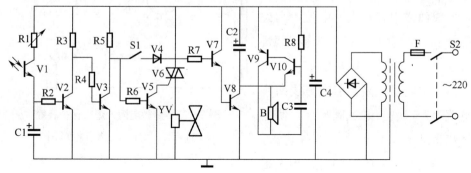

图 2—19　光电式熄火保护装置

态。当火焰熄灭时，V2、V3 截止，V5 也截止，V6 关断，电磁阀自动切断气源。此时 V7、V8 饱和导通，使 V9、V10、R8 和 C3 组成的报警电路工作，发出报警声。其中，C1、R2 的作用是为防止火焰强弱变化或飘动的影响，使电路的反应迟缓 2～3 s；为防止环境光线的影响，还可在光敏元件前加装一滤色片。

5. 火焰棒式熄火保护装置

火焰棒式熄火保护装置是利用火焰导电作用的一种装置，如图 2—20 所示。如果在燃烧器和电极间加上交流电，则在火焰中就有约 5 mA 的电流从电极稳定而持续地流向燃烧器，也就是在火焰棒上附加交流电压，靠火焰的整

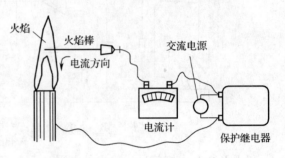

图 2—20　火焰棒式熄火保护装置

流作用而被整流成直流电流，将其引出，并经放大使继电器动作，打开燃气阀门。如果构成回路，在绝缘能力降低以及断路等情况下，燃气阀门则关闭，处于安全状态。该装置的主要优点是可靠性好、动作迅速，而且可用电磁阀作为执行元件。

6. 热敏电阻式熄火保护装置

这种装置的检测元件是热敏电阻。用于火焰检测的热敏电阻要耐高温、抗氧化、具有较高的正电阻温度系数。由于二硅化钼的抗氧化能力较好，正电阻温度系数高，使用温度可达 1 600℃，因此常用做火焰检测元件。

图 2—21 所示为热敏电阻式熄火保护装置示意图。工作原理如下：未点火前，自动点火元件 1 和火焰检测元件 2 的常温电阻值很小。通电一瞬间，实线回路中有较大的电流，小火电磁阀吸合，小火燃烧器 3 被点燃。小火使热敏电阻升温，电阻增大，而实线回路中电阻升高，引起虚线回路中电流上升，主火电磁阀吸合，使主火燃烧器 4 着火。若小火意外熄灭，主火电磁阀自动关闭，同时，小火燃烧器被再次点燃，从而达到熄火保护的目的。

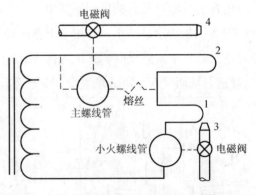

图 2—21　热敏电阻式熄火保护装置

1—自动点火元件　2—火焰检测元件
3—小火燃烧器　4—主火燃烧器

二、燃气灶熄火保护装置的失效原因及检修

1. 燃气灶熄火保护装置的失效原因

现以应用最广泛的热电偶式熄火保护装置和离子感应式熄火保护装置为例，失效原因主要包括以下几个方面：

（1）热电偶式熄火保护装置的失效原因

1）热电偶金属焊点（热点）针状腐蚀断开。

2）电磁阀回路线圈焊点腐蚀断开。

3）电磁阀电磁铁表面或衔铁表面锈蚀或有脏物。

4）热电偶与电磁阀连接处松动或连接不牢固。

5）热电偶安装位置不正确，其端部未被火焰包围。

6）按压旋钮力不够或时间不够。

7）热电偶端部积炭。

（2）离子感应式熄火保护装置的失效原因

1）检火线脱落或检火线与检火针连接处有油污。

2）检火针位置不正确。

3）检火针与燃烧器接触。

4）检火回路地线松动或脱落。

5）检火针烧断或严重腐蚀。

6）控制盒故障。

2. 燃气灶熄火保护装置检修主要内容

仍以热电偶式熄火保护装置和离子感应式熄火保护装置为例。

在检修熄火保护装置时，应先了解故障情况，确认故障存在。然后用目测、仪器测和试验等方法进行检查、分析和判断，故障原因确定后，进行维修或零部件更换。根据熄火保护装置的不同，应重点检查以下内容：

（1）检查火焰感知元件或电磁阀是否损坏。

（2）检查各连接点是否连接可靠。

（3）检查热电偶的感热部位是否积炭或检火针是否接触燃烧器。

（4）检查连接线的绝缘层是否损坏或与机件短路。

（5）检查热电偶或检火针与火焰的相对位置是否发生变化。

（6）检查检火地线是否脱落或松动。

（7）检查电磁阀电磁铁、衔铁的吸合面有无杂质、灰尘或发生锈蚀。

（8）检查控制盒有无故障，电源是否接通，电池是否有电等。

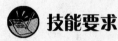 **技能要求**

熄火保护装置的检修

熄火保护装置是应用最广泛的安全装置之一，它能有效地防止燃气事故的发生，保护人民群众生命财产安全。为了保证熄火保护装置的安全正常运行，一定要做好安全装置的日常保养和修理工作。

一、操作准备

操作前需准备以下工具及配件：

（1）万用表、活扳手、克丝钳、尖嘴钳、旋具等。

（2）热电偶、电磁阀、离子检火针、耐高温检火引线等。

二、操作步骤

1. 热电式熄火保护装置维修

热电式熄火保护装置维修操作步骤如图2—22所示。

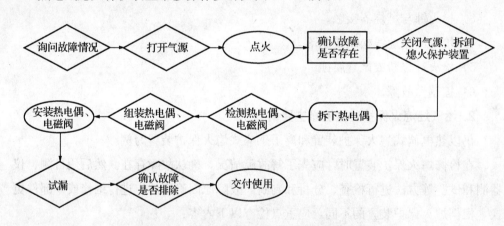

图2—22　热电式熄火保护装置维修操作步骤

步骤1　询问故障情况

向用户询问熄火保护装置故障情况时，应着重询问以下几点：是否用力按旋钮，停留时间是否过短；时间、力度都够，松手后大火是否熄灭；调节火力（调小）时，火熄灭等。

步骤2　打开气源

打开表前阀和灶前阀，使阀的开度为最大。

步骤 3　点火

手按旋钮并旋转，进行点火操作，若火点不着，下面的步骤就不要再进行了。

步骤 4　确认故障是否存在

火点着后，按住旋钮 15 s 以上松开，若火熄灭，确认故障存在。

步骤 5　关闭气源，拆卸熄火保护装置

关闭气源，取下锅支架、火盖、炉头护圈等，卸下灶面板，用旋具从燃气阀上卸下热电偶、电磁阀。

步骤 6　拆下热电偶

用扳手将热电偶从热电偶电磁阀组件上拆卸下来。

步骤 7　检测热电偶、电磁阀

先将万用表的转换开关置于电阻挡的适当量程，用万用表的红、黑表笔分别触及热电偶的两极或电磁阀的内心和外壳；查看阻值若为 0 Ω（或稍大），该件未损坏；若阻值非常大，确认该件已损坏，需进行更换。

步骤 8　组装热电偶、电磁阀

将更换好的热电偶或电磁阀进行组装，连接应牢固。用手推衔铁一端，使衔铁与铁心紧密接触，将热电偶另一极按在电磁阀外壳上，将热电偶头部在明火中停留 15 s 以上松开（推衔铁的手），未掉阀，故障排除。

步骤 9　安装热电偶、电磁阀

按拆卸热电偶、电磁阀的相反的步骤安装热电偶、电磁阀。

步骤 10　试漏

热电偶、电磁阀安装好后，打开燃气阀门，用刷肥皂水的方法对电磁阀安装部位及其他燃气通道连接部位试漏，观察有无气泡出现。

步骤 11　确认故障是否排除

安装灶面板、护圈、火盖和锅支架，按旋钮并旋转，开启燃气灶，点火后火不灭，确认故障排除。

步骤 12　交付使用

在用户在场的情况下，进行燃气灶点火演示，用户满意后交付使用。

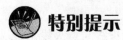 **特别提示**

用万用表测电磁阀、热电偶电阻均为 0 Ω，说明器件没有断路故障，但不能肯定没有其他问题。此时可拆开电磁阀，查看铁心和衔铁工作面有无锈蚀、杂物等。如有，可用布进行擦拭，组装后按步骤 8 测试即可。若拆开后工作面很洁净，故障

有可能是电磁阀、热电偶连接处松动所致。在处理此类故障时，应先用扳手紧固连接处的螺套，问题有可能会迎刃而解。

也可不用测电阻的方法，直接在灶具上判断电磁阀或热电偶的好坏。方法是：将电磁阀或热电偶中的任一个拆下来，换上一个好的。点火试验，若故障消失，维修完毕。若故障还存在，可更换另一个再试。但这样有可能造成工作面上有杂物的电磁阀被误判，增加用户的维修费用。

2. 离子感应式熄火保护装置维修

离子感应式熄火保护装置维修操作步骤如图 2—23 所示。

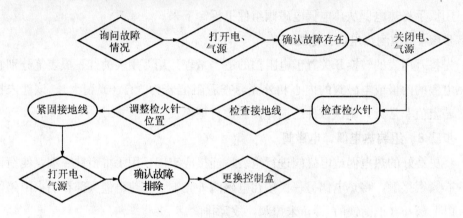

图 2—23　离子感应式熄火保护装置维修操作步骤

步骤 1　询问故障情况

向用户询问熄火保护装置故障情况时，要问清楚火着后脉冲点火是否停止。

步骤 2　打开电、气源

打开电、气源，用手按压旋钮并旋转（按压时间要大于 15 s），开启燃气灶。

步骤 3　确认故障存在

火点着稳定后，脉冲点火应立即停止，若火着较长时间仍不熄灭或过一会儿熄灭，确认故障存在。

步骤 4　关闭电、气源

在拆卸任何零部件之前，必须关闭电、气源，以避免发生漏气或触电事故。

步骤 5　检查检火针

检查检火针：检火针的高低，检火针是否在火口的上方，检火线与点火线是否插错，检火针是否烧断等。

步骤 6　检查接地线

检火接地线脱开或松动就意味着检火回路已断开，检火功能失效，也就是不检火。因此必须仔细检查。

步骤 7　调整检火针位置

调整检火针位置：将检火针调至火口上方；检火针的高低必须合适，太高或太低都会影响检火的灵敏度；检火针烧断的必须更换；检火线插错的应予以纠正。

步骤 8　紧固接地线

发现检火接地线脱开或松动，用旋具将紧固接地线的螺钉拧紧，检火线与点火线不要相互交叉缠绕。

步骤 9　打开电、气源

打开电、气源，在开启燃气灶之前检查一遍各电气连线的连接情况，点燃燃气灶。

步骤 10　确认故障排除

火点着并稳定后，脉冲点火能立即停止，火持续燃烧，调整维修有效，确认故障排除。

步骤 11　更换控制盒

火点着并稳定后，脉冲点火不能立即停止或过一会儿火就熄灭了，说明故障仍存在，需更换控制盒。断开控制盒与点、检火装置的连线，卸下控制盒，换上新控制盒。按步骤 9、步骤 10 进行试火，确认故障排除。

三、注意事项

（1）有的热电偶电磁阀由于使用年久，性能有所减弱，判断好坏时按压时间应适当长一些，否则可能造成误判。

（2）更换热电偶电磁阀时，应哪个坏了换哪个，没有坏的应保留，以减少用户的维修费用。

（3）检火线和点火线不可相互交叉和缠绕，否则会干扰控制信号。

（4）调整检火针的高度应符合设计规定，应保证检火针在火焰中。

　学习单元 3　自动控制装置的维修

燃烧自动控制的内容和科学技术的发展水平、用气设备的用途、需要是分不开的。目前多功能灶的自动控制装置主要有温控装置、过热控制装置、定时控制装置等。

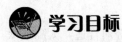 **学习目标**

➢ 熟悉燃气灶常见自动控制装置的种类和工作原理

➢ 了解燃气灶自动控制装置失效的原因

➢ 能够对损坏的自动控制装置进行维修

 **知识要求**

一、燃气灶常见自动控制装置的种类和工作原理

1. 过热保护装置

过热保护装置是一种易熔金属合金，为一次性元件。为防止燃具在使用中，因意外原因造成自身温度过高引起环境温度升高而发生事故，可在燃具外壳附近装设过热保护装置，又称热熔丝。在实际应用中，过热保护装置一般串接在热电式熄火保护装置回路中，当其监视点温度过高而熔化时，熄火保护装置回路被断开，电磁阀关闭，切断了燃气通路。

这种过热保护装置的特点是利用易熔金属合金，成本低廉，安装使用方便，但它是一次性元件，它的温度监视点有限。

另一种过热保护装置就是过热保护开关，也称过热继电器。过热保护开关的执行元件是双金属片，当温度过高时，在热应力的作用下双金属片产生变形，推动开关断开。过热保护开关非一次性器件，可手动复位或自动复位。

除此以外，温度敏感元件（如正电阻温度系数热敏电阻）也常用于过热保护装置。此过热保护装置一般串接在热电式熄火保护装置热电偶与电磁阀的引线上，温度的过度升高使元件的电阻急剧增大，从而使热电式熄火保护装置回路中电流减小，电磁阀关闭，燃气通路被切断。

2. 温度控制装置

灶具中有不少需要控制温度的地方，如烤箱常装有温度控制系统。检测控制温度的方法有双金属式、热电偶式等。

（1）双金属式

双金属式温度检测控制方式是利用膨胀系数差异很大的两种金属薄片复合成双金属片，当温度升高时，使双金属片向线性膨胀系数小的一侧弯曲，这种偏位与温度变化近似成正比关系。双金属式温控器都有使用温度范围，可分为低温用、中温

用、高温用三类。这种检测控温方式因结构简单而得到广泛应用。

（2）热电偶式

热电偶式控温器是利用两金属之间的接触电位差进行温度控制的。在高温状态下，两金属触点自由电子运动加剧，电位差增大。接触电位差与金属种类有关。在实际运用中，金属丝一端触点保持一定温度，另一端触点置于被测温度环境内。保持一定温度（一般为常温）的触点称为冷触点，测量端为热触点。通过测定触点间的电位差来确定温度差。

接触电位差与金属种类有关。能用做热电偶的金属组合种类有很多，常用的有四类。用铂—铂铑合金制成的热电偶，在常用温度范围内可连续使用 1 000 h，如温度过高，使用寿命将缩短。热电偶线径越细，传导误差越小，反应速度越快，但使用范围限制增加，寿命缩短。安装时冷热触点之间应尽量隔开。热电偶式温控器用于燃具的高温控制，无需外部电源，使用方便。

此外，用做温度控制的还有电阻温度计、辐射温度计、光电温度计等。

3. 回火保护装置

图 2—24 所示为回火检测电路图。回火检测电路由单片机，三极管 Q5、Q6，变压器 T2 及 IC2 等元器件组成。当工作时单片机在给点火控制电路信号的同时也把触发信号加到了 Q5 的基极，使 Q5 饱和导通，由 Q6 及 T2 组成的电感三点式自激振荡电路起振工作，振荡电路工作后在 T2 的次级绕组上感应出一个约 150 V 的脉冲电压，此电压的一端通过电容 C9 及 R20 后由连接导线连到安装在燃烧器旁的回火探测针上，当燃气被点燃燃烧时，因火焰本身所具有的单向导电特性（二极管特性），通过 C9 及 R20 加到回火探测针上交流脉冲电压被火焰整流，整流后产生的离子电流给 C10 充电，在 C10 上形成一个下正上负的充电电压，C10 上端的负电压通过 R22 加到 IC2 比较器的负端上，使 IC2 比较器的负端电位低于正端电位，迫使 IC2 比较器反转，由原来输出的低电平反转为高电平，再将此高电平信号送到单片机的火焰信号检测输入口上。

当燃气具发生回火时，通过 C9 及 R20 加到回火探测针上的 150 V 交流脉冲电压呈开路状态，IC2 比较器的负端由于 R24 的作用而使电位高于比较器的正端，迫使 IC2 比较器反转，由原来的高电平反转为低电平状态，输出的低电平信号送到单片机的火焰信号检测输入口上。当回火探测针发生严重漏电或回火探测针与机体短路时，T2 次级绕组上的 150 V 交流脉冲电压通过 R20 及 C10 构成回路，因电容的特性对交流电短路，IC2 比较器的负端由于 R24 的作用而高于正端电位，使比较器反转，输出低电平，此低电平信号输入到单片机的火焰信号检测口上，这样，单片机通过火焰信号检测输入端电平的高低就可以判别火焰的有无。该电路由于采用了交流火焰检测方法，提高了火焰检测的可靠性，防止了控制误动作的发生。

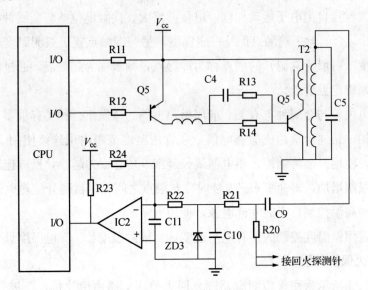

图 2—24　回火检测电路图

二、燃气灶自动控制装置检修主要内容

在维修自动控制装置时，应先了解故障情况，确认故障存在。然后用目测、仪器测和试验等方法进行检查、分析和判断，故障原因确定后，进行维修或零部件更换。根据自动控制装置的不同，应重点检查以下内容：

(1) 检查过热保护元件或电磁阀是否损坏。

(2) 检查各连接点是否连接可靠。

(3) 检查过热开关是否变形，双金属片是否发生永久变形。

(4) 检查过热开关结合面是否不贴合或导热硅脂是否已经干涸。

(5) 检查回火针与火焰的相对位置是否发生变化。

(6) 检查检火地线是否脱落或松动。

(7) 检查控制盒有无故障，电源是否接通，电池是否有电等。

 **技能要求**

自动控制装置的维修

一、操作准备

（1）过热继电器、温度传感器、控制器等控制元器件。

（2）活扳手、旋具。

二、操作步骤

自动控制装置的维修流程如图 2—25 所示。

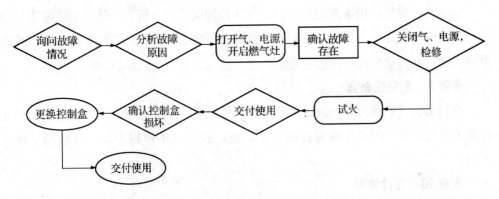

图 2—25 自动控制装置的维修流程

步骤 1 询问故障情况

向用户询问自动控制装置故障情况时，如有复位键可让用户按复位键，没有复位键的，要询问点火情况及回火情况（回火噪声）。还要问一下灶具有什么保护功能等。

步骤 2 分析故障原因

根据用户反映的情况判断是装置的正常保护功能起作用还是故障情况。

步骤 3 打开气、电源，开启燃气灶

使用交流电源的燃气灶需插好电源插头，打开燃气阀门，按压旋钮并旋转，开启燃气灶。

步骤 4 确认故障存在

若燃气灶点不着火，按复位键（如有）重新点火。若仍点不着火，可用万用表检查控制电路是否断路，包括过热继电器、温度敏感元件及引线、地线等；也可用短路法进行检测：用一根导线将保护装置的两电极短路，然后重新启动燃气灶。

用万用表检查控制电路，若电阻为∞，说明元件或线路断路；用短路法进行检测，若燃气灶能正常开启，说明保护装置已损坏，确认故障存在。

步骤5　关闭气、电源，检修

用旋具拆下损坏的元器件进行检修或更换：安装时，要查看安装面是否平整；过热保护装置安装前要先涂导热硅脂，元器件紧固或插件的插接要牢靠。

步骤6　试火

试火前再检查一遍线路连接情况，然后开启燃气灶。

步骤7　交付使用

经试火，燃气灶能正常运行，故障排除，交付用户使用。

步骤8　确认控制盒损坏

经试火，燃气灶仍不能正常运行，分两种情况进行分析：一是经上述操作故障仍存在，说明除元件、线路有问题外，控制盒可能有故障；二是经检查元件、线路没有问题，那问题可能出在控制盒上。

步骤9　更换控制盒

控制系统（控制盒）一般由分列电子元件组成，集成电路（IC）由电子分列元件或单片机组成。因各厂家对控制技术保密，控制盒维修很困难，一般都是坏了就换。

步骤10　交付使用

控制盒安装好后，开启燃气灶试火，故障排除后交付用户使用。

三、注意事项

（1）在维修安装前，应仔细阅读使用说明书。

（2）各连接点尽量采用焊接的方式。

（3）不得用短路线代替保护装置用于回路的连接。

第3节　更换配件及功能核查

在对燃具进行改装时，要更换配件使其达到适用本地区气源的要求。多功能灶的维修包括对喷嘴及燃烧器、控制盒等配件的更换和进行维修后的功能核查。

学习单元 1　更换喷嘴及燃烧器

 学习目标

➤ 了解燃气具与市供燃气相适应的必要性

➤ 能够更换喷嘴及燃烧器

 知识要求

一、燃气具与市供燃气相适应的必要性

随着我国经济社会的发展和进一步的完善以及人民生活水平的不断提高，我国燃气事业也进入了一个快速发展的阶段。燃气的发展带动了燃气燃烧器具的发展，其种类日益增多，各式各样的燃气具形成了一定规模的市场。在我国燃气事故中由于燃气燃烧器具与当地供应的燃气气质不匹配，燃气不能完全燃烧而造成释放出的烟气中含有有害气体致人伤害的案例占到 30%。因此，如何保证用户在使用燃气时的安全、降低燃气安全事故，是关系国计民生、社会稳定的一件大事情，使燃气燃烧器具与气源种类、气质成分相适应，是保证燃气燃烧器具正常使用，降低燃气安全事故的重要举措。

燃气供气企业所供应的燃气不是单一的一种燃气，很多城市同时供应天然气、液化石油气、人工煤气以及液化石油气掺混空气等多种类型的燃气，这种现象对于安全使用燃气燃烧器具有很大影响。即使燃气燃烧器具是按照国家标准《城镇燃气分类和基本特性》（GB/T 13611—2006）规定的燃气基准气进行设计的，也与实际的燃气组分有很大差别，这些差别往往不仅是两者组分多少的差别，而是实际供应的燃气中含有基准气中未含有的组分，实际测试表明这些组分会导致燃烧工况很大的差异。就目前的应用科技水平看，由于燃气本身所具有的特性，世界上还没有哪个国家可以生产出燃气三大类通用的燃气燃烧器具。所以，为了使燃气能够完全燃烧，保护广大燃气用户的使用安全，节约能源提高热效率，确保燃气燃烧器具与当地供应的燃气相适应是十分必要的。

二、更换燃气灶喷嘴及燃烧器基本要求

当燃气气质发生改变（如液化石油气改成天然气），或燃气组分发生较大改变时，现有的燃气具必须进行适当的调整或改造才能适应这种变化，灶具的改装通常是更换燃气喷嘴、燃烧器或火盖，以达到规定的燃烧工况。这项工作必须由制造商认可的经考核合格有资质的专业人员进行。

应先熟悉产品使用说明书关于产品改装和转换的要求和操作说明；了解待转换灶具燃烧系统的大致结构和额定热负荷等情况；小心拆卸燃气供气系统、喷嘴、燃烧器或火盖等并进行改装或更换；断裂的密封应重新封好。改装和转换完毕必须经过试火、试漏。燃烧工况及热负荷调整完毕加贴标签（燃气类型、燃气供气压力、热负荷等）。

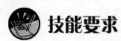 **技能要求**

更换喷嘴及燃烧器

一、操作准备

（1）按设计定制的喷嘴、燃烧器（或产品原配的喷嘴、燃烧器）、密封胶、产品使用说明书。

（2）多种规格的呆扳手、克丝钳、旋具等。

二、操作步骤

更换喷嘴及燃烧器操作流程如图2—26所示。

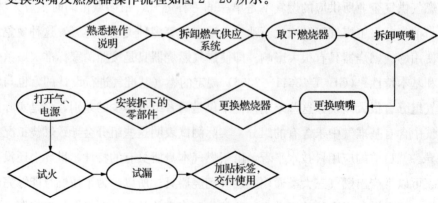

图2—26 更换喷嘴及燃烧器操作流程

步骤 1　熟悉操作说明

产品说明书中有灶具改装和转换说明的，应熟悉其操作规定，掌握操作方法。除此以外，还要了解待转换灶具燃烧系统的大致结构和额定热负荷，确认原灶具的使用气源、电源种类及灶前燃气供气压力等。

步骤 2　拆卸燃气供应系统

关闭燃气阀门，关闭电源，拧松灶具连接软管上的卡箍，拆下软管，然后将灶具上的燃气供应系统整体拆下。看连接软管是否已老化，旧的供气系统是否适应新气种流量的要求。

步骤 3　取下燃烧器

将旧燃烧器取下，有些灶具燃烧器本体（包括引射器）不需要更换，只需取下燃烧器头部的火盖即可。

步骤 4　拆卸喷嘴

用合适的呆扳手从燃气灶燃气阀上拆下大、小火喷嘴及引火喷嘴等，拆卸时，注意不要将螺纹弄坏。

步骤 5　更换喷嘴

更换喷嘴时尽量使用灶具厂家原配的喷嘴或根据厂家设计图样定制的喷嘴，先用合适的丝锥将固定喷嘴的螺纹孔过一遍，然后在螺纹上涂密封胶，用呆扳手将新喷嘴紧固在燃气阀上，紧固时用力要均匀。

步骤 6　更换燃烧器

更换新燃烧器时，要对燃烧器的外观进行检查，看引射器内腔是否光洁，火盖与灶头配合是否严密；对只需更换火盖的燃烧器主要看新火盖与原灶头配合是否严密。

步骤 7　安装拆下的零部件

按拆卸时相反步骤将拆下的零部件重新安装固定好。

步骤 8　打开气、电源

打开燃气阀门，打开电源开关。

步骤 9　试火

点燃燃气灶，观察火焰状况，当混合气燃尽，置换气源正常供给时，如燃烧不正常应调整风门，直至火焰正常燃烧。

步骤 10　试漏

在燃气灶具各连接点处刷肥皂水，如有气泡应重新连接安装，直到无泄漏为止。

步骤 11　加贴标签，交付使用

当火焰燃烧正常且不漏气时，校核调整热负荷（分别校核每个火眼，观察燃气表，低热值×燃气流量＝热负荷），加贴标签，更换作业完成后即可交付使用。

三、注意事项

（1）燃烧器在燃气改变调整前后应维持额定热负荷。

（2）燃烧器在燃气改变调整前后应能维持稳定燃烧。

（3）燃烧器在燃气改变调整后应对一次空气系数进行校核。

（4）注意对点火电极的调整，保证在燃气改变后点火正常。

 相关链接

当燃气成分发生变化时，燃具的喷嘴要进行调整，一般可通过理论计算和试验确定喷嘴孔径。计算燃气具喷嘴直径经常采用下面两种方法：

第一，用经验公式计算灶具喷嘴直径。

$$d_p = \sqrt{\frac{I}{\Delta I}}$$

式中　d_p——喷嘴直径；

　　　I——单个燃烧器热负荷；

　　　ΔI——不同气源种类对应不同值，取值见表 2—7。

表 2—7　　　　　　　　　　　不同气源的 ΔI 值

气源种类	ΔI	气源种类	ΔI
人工煤气	2.7	液化石油气	13
天然气	5.6		

举例：一家用燃气灶单火眼热负荷为 3.2 kW。

$$I = 3.2 \text{ kW} = 3.2 \times 3.6 = 11.52 \text{ MJ/h}$$

当使用人工煤气时　$d_p = \sqrt{\frac{I}{\Delta I}} = \sqrt{\frac{11.52}{2.7}} \approx 2.07$　取 $d_p = 2.1$（mm）

当使用天然气时　$d_p = \sqrt{\frac{I}{\Delta I}} = \sqrt{\frac{11.52}{5.6}} \approx 1.43$　取 $d_p = 1.45$（mm）

当使用液化石油气时　$d_p = \sqrt{\frac{I}{\Delta I}} = \sqrt{\frac{11.52}{13}} \approx 0.94$　取 $d_p = 0.95$（mm）

第二，设计时采用的喷嘴直径计算公式。

$$d = \sqrt{\frac{L_{gl}}{0.003\,5 \times \mu}} \sqrt[4]{\frac{S}{H}}$$

式中　L_{gl}——单一燃烧器流量，m^3/h；

　　　μ——喷嘴流量系数，当 $d \leqslant 2.5\,mm$ 时，取 $\mu = 0.7 \sim 0.78$，当 $d \geqslant 2.5\,mm$

　　　　　时，取 $\mu = 0.78 \sim 0.8$；

　　　S——燃气相对密度；

　　　H——喷嘴前燃气压力而不是热水器前压力，Pa。

举例：10 L 燃气热水器，其热负荷为 $Q = 20\,kW$，使用 10 个燃烧器，共 10 个喷嘴，天然气低热值为 $H_{LT} = 34.02\,MJ/m^3$。

先计算单一燃烧器喷嘴的流量：

单个燃烧器热负荷 $Q_单 = Q/10 = 20/10 = 2\,kW$

$$L_{gl} = \frac{3.6 Q_单}{H_{LT}} = \frac{3.6 \times 2}{34.02} = 0.21\ (m^3/h)$$

已知：$S = 0.555$，$H = 1\,850\,Pa$，μ 取 0.78。

$$d = \sqrt{\frac{L_{gl}}{0.003\,5 \times \mu}} \sqrt[4]{\frac{S}{H}} = \sqrt{\frac{0.21}{0.003\,5 \times 0.78}} \times \sqrt[4]{\frac{0.555}{1\,850}} \approx 1.15\ (mm)$$

取 $d = 1.1\,mm$，$S = 0.555$（查表），$H = 1\,850\,Pa$（热水器前压力为 $2\,000\,Pa$，经过燃气阀后有一定的压力降）。

用经验公式计算喷嘴直径时误差较大，读者可根据实际情况对此公式进行修正和完善，使用经验公式时仅供参考。

学习单元 2　更换控制盒

学习目标

➢ 熟悉灶具使用说明书中电气连接示意图

➢ 能够更换控制盒

 **知识要求**

一、多功能燃气灶电气连接示意图

图2—27所示为多功能燃气灶电气连接示意图。

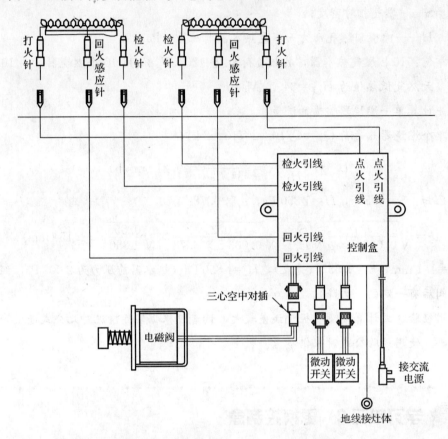

图2—27 多功能燃气灶电气连接示意图

二、燃气灶控制盒更换注意事项

燃气灶具的气源转换除喷嘴、燃烧器需更换外，一般情况下灶具控制盒也需更换。燃气灶控制盒更换应注意以下几点：

首先，要熟悉说明书中灶具气源转换操作说明及电气连接示意图。其次，在拆卸控制盒时，要查看控制系统的连接情况，必要时可在容易出错的地方做些记号（如点检火连接处），拔插控制盒的各连接插件、拆卸控制盒时用力要适中，避免损坏插接件或拉断导线，造成新的故障。最后，要选择与使用气质相适应的控制盒，插接件要连接牢固，要接好地线，转换完毕一定要试火、试漏。

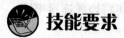 **技能要求**

更换控制盒

一、操作准备

（1）产品使用说明书、控制器及连接线等。

（2）活扳手、尖嘴钳、旋具等。

二、操作步骤

更换控制盒操作流程如图 2—28 所示。

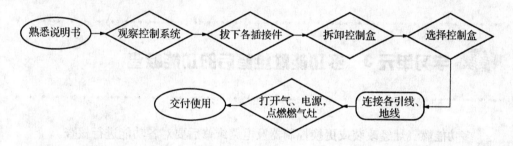

图 2—28　更换控制盒操作流程

步骤 1　熟悉说明书

找出灶具说明书，熟悉电气连接示意图，了解各插接件的对应关系。

步骤 2　观察控制系统

对照电气连接示意图，查看控制系统的连接情况和线路走向，看示意图的连接是否与实际连接一致。

步骤 3　拔下各插接件

拆开控制盒与感应元器件、打火针、检火针等的连接插件（当打火针、检火针等不好区分时应在相应连线上做标记）。

步骤 4　拆卸控制盒

用十字旋具将控制盒从控制盒固定板上拆下来，放入包装箱内。

步骤 5　选择控制盒

选择与原控制盒类型相同（但气质不同）的控制盒进行安装，该控制器应能适应现场气质。

步骤 6　连接各引线、地线

按电气连接示意图结合拆卸时所做的标记连接各引线，切实将地线连接牢固。

步骤 7　打开气、电源，点燃燃气灶

在打开气、电源前，应再检查一遍线路连接情况，看其他配件是否已更换完毕，然后打开气、电源，点燃燃气灶试火。

步骤 8　交付使用

灶具运行正常，经过功能核查后即可交付使用。

三、注意事项

（1）各连接件应插牢、插实，并套好绝缘胶套。

（2）一定要将地线连接好，否则有可能烧毁控制盒。

 学习单元 3　多功能灶维修后的功能核查

多功能燃气灶经改装或更换控制器及电路维修后要对各功能进行核查。

 学习目标

➤掌握燃气灶各种自动控制、安全保护装置功能的核查方法

 知识要求

燃气灶维修后功能核查内容如下：

（1）熄火保护装置的功能核查。

（2）点燃主燃烧器，数分钟后人为强行将火熄灭，记下从熄火到熄火保护装置关闭的时间，熄火保护装置应在 1 min 内关闭。

（3）对使用交流电源的灶具进行低压启动功能核查。

（4）在微型调压变压器上连接电源线，接通电源，将电压调至 187 V，开启燃气灶，若打火或电磁阀吸合正常，应判定灶具低压启动功能良好。

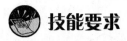

技能要求

多功能灶具维修后的功能核查

一、操作准备

（1）使用交流电源的将电压调至 220 V，使用干电池的安装好电池，电阻、二极管、微型调压变压器。

（2）活扳手、旋具、秒表、产品使用说明书。

二、操作步骤

1. 热电式熄火保护功能核查

热电式熄火保护功能核查操作流程如图 2—29 所示。

图 2—29　热电式熄火保护功能核查操作流程

步骤 1　熟悉说明书

熟悉产品使用说明书，看该灶具都有哪些功能，熄火保护功能属于哪一种类型。

步骤 2　开启燃气灶

打开灶前燃气阀门，用手按住旋钮并逆时针旋转点火。

步骤 3　测开阀时间

点着火后，立即用秒表计时，15 s 后松手，火未灭为正常，反之为不正常。

步骤 4　强行熄火

火焰正常燃烧过程中，用水将火浇灭（模拟做饭时的溢锅）。

步骤 5　测闭阀时间

火灭后，开始计时，60 s 内能听到电磁阀关阀的声音（或燃气表已不走字）为合格，否则为不合格。

2. 离子感应式熄火保护功能核查

离子感应式熄火保护功能核查操作流程如图 2—30 所示。

步骤 1　熟悉说明书

熟悉产品使用说明书，看该灶具都有哪些功能，熄火保护功能属于哪一种类型。

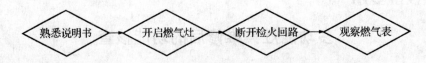

图 2—30　离子感应式熄火保护功能核查操作流程

步骤 2　开启燃气灶

打开灶前燃气阀，将电源插头插好、插牢，用手按住旋钮并逆时针旋转点火，开启燃气灶。

步骤 3　断开检火回路

在正常燃烧时，分别拔掉检火线、回火探针引线和地线等（每次只拔一种），使检火回路成为断路。

步骤 4　观察燃气表

观察到火灭或燃气表停止走字为合格，若火不灭或燃气表仍走字为不合格。

3. 离子检火灵敏度核查

离子检火灵敏度核查操作流程如图 2—31 所示。

图 2—31　离子检火灵敏度核查操作流程

步骤 1　模拟单向导电性

将一只 8 MΩ 电阻和一只 IN4007 二极管串接在一起（焊在一起）。

步骤 2　二极管正极与检火针相连

IN4007 二极管有白圈的一端为负极，另一端为正极，若不能确定哪一端为正极，可用万用表进行测量来确定，将二极管正极与检火针相连。

步骤 3　接通电源

接通电源，此时燃气阀不要打开。

步骤 4　开启燃气灶

开启燃气灶，当听到"嗒嗒"的点火声和电磁阀吸合声时立即将另一端与燃烧器本体接触。

步骤 5　确认检火灵敏度

若点火声立即停止，且电磁阀维持吸合状态，确认检火有效；反之则判为无检火。

4. 低压启动功能（使用交流电源的产品）核查

低压启动功能核查操作流程如图 2—32 所示。

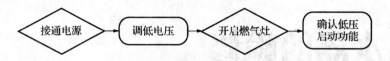

图 2—32   低压启动功能核查操作流程

步骤 1   接通电源

在微型调压变压器上连接电源线，将电源插头插到交流电源插座上，接通电源。

步骤 2   调低电压

将电压调至 187 V，不要高于 187 V。

步骤 3   开启燃气灶

步骤 4   确认低压启动功能

打火正常（目测），电磁阀开启正常（听到电磁阀吸合声），确认低压启动功能正常，反之为不正常。

三、注意事项

（1）用二极管和电阻组合检测控制器的检火灵敏度，一定要将二极管正极与检火针相连。

（2）检测热电偶式熄火保护装置功能是否有效，按压旋钮应有一定的力度和足够的时间（不少于 15 s）。

思 考 题

1. 家用燃气灶具的自动点火系统包括哪几个部分？
2. 常见点火器有哪几种？简述压电点火装置的工作原理。
3. 常见熄火保护装置有哪几种？简述热电偶式熄火保护装置的工作原理。
4. 灶具常用保护装置有哪些种类？
5. 试述燃气的互换性和燃具的适应性的关系。

第3章
燃气热水器的检修

目前我国燃气热水器种类很多，使用最多的是燃气快速热水器，容积式热水器也有少量使用。随着人民生活水平的不断提高和对现代沐浴更高品质的要求，更加舒适、便捷和节能的数码恒温热水器、冷凝式热水器、燃气采暖热水炉等相继进入人们的日常生活中，为了给广大用户提供最好的售后服务，燃气具安装维修操作人员要尽快熟悉这些热水器的特点、主要结构和工作原理，从而提高自己的维修操作技能和服务质量。

第1节　燃气热水器检修基础知识

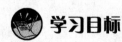 **学习目标**

➢了解容积式燃气热水器的分类、主要结构、工作原理、型号、规格及使用方法

➢了解恒温、冷凝式燃气热水器的主要结构及工作原理

➢了解燃气热水器常规检测内容和方法

➢熟悉国内外燃气具自动装置与安全装置在燃气具上的应用

国家职业资格培训教程

 **知识要求**

一、容积式燃气热水器的分类、型号、规格、主要结构、工作原理及使用方法

1. 容积式热水器的分类

（1）按热水器结构可分为封闭式热水器、敞开式热水器，见表 3—1。

表 3—1 按热水器结构分类

名称	分类内容	代号
封闭式热水器	热水器储水容器没有设置永久性通往大气的孔的热水器	B
敞开式热水器	热水器储水容器必须设置永久性通往大气的孔的热水器	K

（2）按使用燃气种类可分为天然气热水器、液化石油气热水器、人工煤气热水器，见表 3—2。

表 3—2 按使用燃气种类分类

名称	分类内容	代号
天然气热水器	适用于天然气的热水器	T
液化石油气热水器	适用于液化石油气的热水器	Y
人工煤气热水器	适用于人工煤气的热水器	R

（3）按使用功能可分为热水型热水器、采暖型热水器和两用型热水器，见表 3—3。

表 3—3 按使用功能分类

名称	分类内容
热水型热水器	适用于供热水用热水器
采暖型热水器	适用于采暖用热水器
两用型热水器	既适用于供热水又适用于采暖的热水器，热水和采暖为相互独立的水系统

（4）按安装位置可分为室内型热水器和室外型热水器，见表 3—4。

表 3—4 按安装位置分类

名称	分类内容	代号
室内型热水器	适用于室内安装的热水器	N
室外型热水器	适用于室外安装的热水器	W

（5）室内型热水器按给排气方式可分为自然排气式热水器和强制给排气式热水器，见表3—5。

表3—5   室内型热水器按给排气方式分类

名称		分类内容	代号
自然排气式	烟道自然排气式	燃烧用空气取自室内，产生的烟气靠自然抽力排至室外	D
	平衡自然排气式	燃烧用空气取自室外，产生的烟气靠自然抽力排至室外	P
强制给排气式	烟道强制排气式	燃烧用空气取自室内，产生的烟气用风机排至室外	DQ
	平衡强制给排气式	燃烧用空气用风机取自室外，产生的烟气排至室外，或者是燃烧的空气取自室外，产生的烟气用风机排至室外	PQ

2. 容积式热水器的型号

容积式热水器的型号表示方法如下：

代号　　燃气种类　　给排气方式　　额定容积　　—　　安装位置　　改型序号

举例：液化石油气烟道自然排气式额定容量为 80 L 户外安装的燃气容积式热水器用以下方式表示。

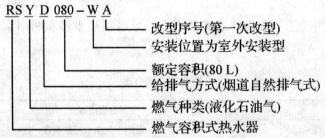

RS Y D 080—W A
改型序号(第一次改型)
安装位置为室外安装型
额定容积(80 L)
给排气方式(烟道自然排气式)
燃气种类(液化石油气)
燃气容积式热水器

3. 容积式热水器的规格

容积式热水器一般以额定容积作为规格进行分类，如 80 L、120 L、150 L、195 L 等。

4. 容积式热水器的主要结构及工作原理

（1）容积式热水器的主要结构

容积式热水器的结构如图 3—1 所示，主要由内胆、外壳、保温层、燃烧器、自控安全装置等部件组成。几乎所有家用热水器都用设在中心的单烟管，只有一些商用热水器才用多烟管。

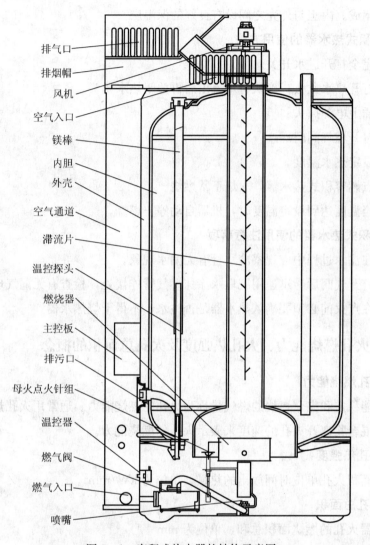

排气口
排烟帽
风机
空气入口
镁棒
内胆
外壳
空气通道
滞流片
温控探头
燃烧器
主控板
排污口
母火点火针组
温控器
燃气阀
燃气入口
喷嘴

图 3—1 容积式热水器的结构示意图

(2) 容积式热水器的工作原理

冷水由顶部进入，通过进水管直抵内筒底部，而热水则从顶部引出。这样能避免顶部热水温度的降低。燃烧器为普通的多火孔大气式燃烧器。烟气与水的传热面为内胆底部和烟管。内胆由普通钢板卷成，敷以专门的搪瓷，以防腐蚀。插入内胆的阳极棒也是为了防止腐蚀。

老的产品均有长明火，新的产品趋向于减少长明火热负荷或予以取消，以节约燃气。控制装置包括电磁阀、手动开/关控制、点火燃烧器和主火燃烧器的调压站及恒温器。恒温器可设定水温，当水温下降约 20 F（11℃）时启动燃烧器重新加热。烟管中设有扰流器，以增加烟气扰动，加强传热，减低过剩空气系数。外壳用彩色钢板制成。内胆与外壳之间设有良好的保温层。

5. 容积式热水器的使用方法

（1）完全打开进水开关。

（2）打开热水龙头，确认有水流出后再关闭热水龙头。

（3）插上电源插头。

（4）打开燃气阀门。

（5）设定热水温度。

（6）点燃容积式热水器，火焰正常燃烧。

（7）当温度达到设定温度时，机器自动停止燃烧。

6. 容积式热水器的使用注意事项

（1）在注水过程中应观察冷水管有无漏水现象。

（2）打开气阀后，迅速用肥皂水涂抹燃气管连接处，检查有无漏气现象。

（3）在点火前必须要确认热水器是否注水，不得干烧热水器。

二、火孔燃烧能力、火孔热强度及火孔总面积的概念

1. 火孔燃烧能力

火孔能稳定和完全燃烧的燃气量称为火孔的燃烧能力。通常用火孔热强度或燃气—空气混合物离开火孔的速度来表示火孔的燃烧能力。

2. 火孔热强度

单位面积火孔单位时间放出的热量，单位为 kW/mm^2。

3. 火孔总面积

燃烧器火孔的燃烧面积总和，单位为 mm^2。

$$火孔总面积＝燃烧器热负荷/火孔热强度$$

三、恒温、冷凝式燃气热水器的主要结构及工作原理

1. 恒温式燃气热水器的主要结构及工作原理

（1）恒温式燃气热水器的主要结构（见图3—2）

（2）恒温式燃气热水器的工作原理

接通电源，打开进水阀和进气阀，水流经过水量传感器，传感器内的磁性转子转动，位于传感器外部的霍尔元件感应后发出电脉冲，传至控制电路。当水量传感器中转子的转速达到一定数值时（一般设定水流量达到 2 L/min 以上），控制电路

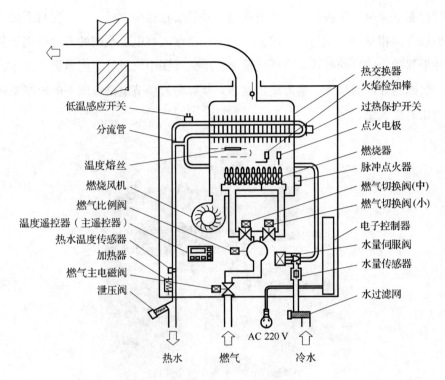

图 3—2　恒温式燃气热水器的结构示意图

对温度熔丝、防过热保护装置等安全装置、主气阀、风机和热水热敏电阻等进行检查，检查正常后风机通电开始旋转，随后点燃燃烧器。冷水经过热交换器被迅速加热成热水，从热水阀流出。热水温度由面板上的温度调节控制板进行设定，在热水器热交换器出口处安置了热敏电阻对热水进行测量，控制电路对两者温度进行比较，自动调节燃气阀门的开度，调节燃气流量，使出水温度达到恒定值。

恒温式燃气热水器的关键部件是比例调节阀，图 3—3 所示是比例调节阀的示意图。比例调节阀与主气阀虽然都是电磁阀，但是，两者的功能却有很大的差别。主气阀仅起到开关的作用，给它通电，气阀打开，燃气通过；断电后，气阀关闭。比例调节阀则不同，除了给它通电时气阀打开，断电时气阀关闭外，气阀的开启度随电磁线圈中通过的电流大小而变化。此外，比例调节阀中的橡胶膜片还起到稳压的作用，其原理与瓶装液化石油气调压器类似。当入口燃气压力升高时，橡胶膜片也因此往上部移动，使得球阀上升，气阀开度变小，燃气流动阻力变大，气阀输出压力下降，恢复到原来设定的值。燃气压力变小时的调节过程正好与此相反，但最后也是恢复到原来的设定值。这样，通过比例调节阀的稳压作用，使燃气供气压力在一定的波动范围内得到自动调节。其工作原理是这样的：当比例调节阀的电磁线

图中标注（左侧）：
低温感应开关
分流管
温度熔丝
燃烧风机
燃气比例阀
温度遥控器（主遥控器）
热水温度传感器
加热器
燃气主电磁阀
泄压阀

图中标注（右侧）：
热交换器
火焰检知棒
过热保护开关
点火电极
燃烧器
脉冲点火器
燃气切换阀(中)
燃气切换阀(小)
电子控制器
水量伺服阀
水量传感器
水过滤网

热水　燃气　AC 220 V　冷水

圈流过控制电流时，它将产生一个电磁力，并且要让这个电磁力的方向与下部永磁体的磁场方向相反，互相排斥。因此，永磁体及球阀在电磁线圈的磁力作用下将被推动往下移动，使气阀打开，有燃气输出。电磁线圈中流过的电流越大，排斥力就越大，气阀的开度就越大，输出量也越多，从而通过调节电磁线圈中的电流来调节气阀输出的燃气量。

图 3—3　比例调节阀

2. 冷凝式燃气热水器的主要结构及工作原理

（1）冷凝式燃气热水器的主要结构（见图 3—4）

（2）冷凝式燃气热水器的工作原理

普通热水器的排烟温度可以达到 110℃ 以上，烟气带走大量的热量，所以普通热水器的热效率为 80％～90％。之所以要将排烟温度控制在 110℃，是为了防止烟气中的水分冷凝，因为冷凝液具有酸性，会对热水器的内部结构产生腐蚀，同时也会污染环境。

冷凝式热水器的主要特点是燃烧产物烟气不仅放出显热，而且使烟气中的水蒸气凝结，放出汽化潜热，从而充分利用烟气热能，提高热水器的热效率。当烟气与低于烟气中水蒸气露点温度的交换器表面接触时，烟气中的水蒸气凝结。水蒸气凝结量取决于水蒸气分压、热水器出水温度以及烟气的冷却温度。

从结构上来看，冷凝式热水器与普通热水器相比，其主要区别在于：增设了一个二级换热器（冷凝式换热器）或者增大了换热器面积。由于冷凝水的析出，要求换热器的材料能耐冷凝液的酸性腐蚀。

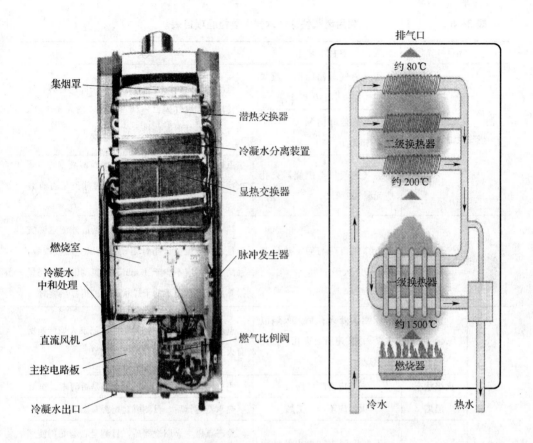

图 3—4　冷凝式燃气热水器的结构示意图

冷凝式热水器的工作流程：燃气通过阀门与空气混合进入燃烧室燃烧，燃烧产物烟气通过一级换热器和二级换热器将热量传给水。烟气在一级换热器中主要放出显热，温度降至 100℃ 左右后进入二级换热器，烟气进一步冷却，并在交换器表面低于烟气中水的露点温度下，烟气中的水蒸气冷凝析出，放出潜热，烟气出口温度进一步降至 40℃ 左右。要求二级换热器能够防止水蒸气冷凝液的腐蚀作用。冷凝液通过下部的冷凝液收集器排至器外，或经过处理排至下水道。

四、燃气热水器常规检测内容和方法

目前，家用燃气快速热水器采用《家用燃气快速热水器》（GB 6932—2001）进行检测，该标准采用了日本工业标准《家用燃气热水器》（JISS 2109—1997）、《家用燃气燃烧器具试验方法》（JISS 2093—1996）编制，检验项目和试验方法见表 3—6。

表 3—6　　　　　　　　　　家用燃气快速热水器主要检验项目表

项目		性能要求	试验方法
燃气系统气密性		通过燃气通路的第一道阀门漏气量应小于 0.07 L/h	被测燃气阀门为关闭状态，其余阀门打开，逐道检测。在燃气入口连接检漏仪，通入 4.2 kPa 空气，检查其泄漏量是否符合要求
		通过其他阀门漏气量应小于 0.55 L/h	
		燃气进气口至燃烧器火孔应无漏气现象	点燃全部燃烧器，用肥皂液、检漏液或者检查火检查燃气进口至火孔前各连接部位是否有漏气现象
热负荷		折算热负荷与额定热负荷偏差应不大于 10%	热水器点燃 15 min 后用气体流量计测定燃气流量。气体流量计指针走动一周以上的整圈数，且测定时间应不少于 1 min，将实测的燃气耗量换算成标准状态下的干燥状态下的折算热负荷
燃烧工况	火焰传递	点燃一处火孔后，火焰应在 2 s 内传遍所有火孔，且无爆燃现象	点燃主火燃烧器一处火孔后，记录火焰传遍所有火孔的时间和目测有无爆燃现象
	火焰状态	火焰应清晰、均匀	主火燃烧器点燃后，目测火焰是否清晰、均匀
	黑烟	火焰应不产生黑烟	热水器运行后，目测燃烧是否有黑烟
	火焰稳定性	不发生回火、熄火及妨碍使用的离焰现象	冷态点燃主火燃烧器后，目测是否有妨碍使用的离焰现象，15 s 后，目测是否有熄火现象，点燃 20 min，目测火焰是否回火
	燃烧噪声	≤65 dB	点燃全部燃烧器，用声级计检测
	熄火噪声	≤85 dB	热水器运行 15 min 后，迅速关闭燃气阀门，用声级计检测
	接触黄焰	正常使用时电极与热交换器部位不得接触黄焰	热水器稳定运行后，目测有无黄焰存在。在任意 1 min 内，电极或热交换器连续接触黄焰在 30 s 以上时，为电极与热交换器接触黄焰
	烟气中一氧化碳含量	自然排气式、强制排气式≤0.06%	热水器运行 15 min 后，用烟气取样器取样，用烟气分析仪测出烟气中一氧化碳等组分
		自然给排气式、强制给排气式、室外式≤0.10%	
	排烟温度	110～260℃	将燃气阀门开至最大，连续运行 15 min，在热水器的排气口处或热交换器上方测定

续表

项目		性能要求	试验方法
安全装置	熄火保护装置	开阀时间：小火控制不大于 45 s	热水器正常运行，然后停止运行，通入冷水进行冷却，当所有部件冷却至接近室温时，重新进行点火。分别在小火燃烧器或主火燃烧器点燃的同时，用秒表测定开阀时间
		开阀时间：主火控制大于 10 s	
		闭阀时间：小火控制不大于 60 s	热水器运行 15 min 后，关闭燃气阀，火焰熄灭后，用秒表测定闭阀时间
		闭阀时间：主火控制不大于 10 s，	
	烟道堵塞安全装置	应在 5 min 以内关闭通往燃烧器的燃气通路，且不能自动再开启；在关闭之前应无熄火、回火、影响使用的火焰溢出及妨碍使用的离焰现象	分别测定从堵塞排气口和强制停止风机时至燃气通路关闭的时间，同时检查燃气通路能否自动打开；安全装置动作，关闭通往燃气通路前，以目测法检查有无熄火、回火、影响使用的火焰溢出及妨碍使用的离焰现象
	风压过大安全装置	风压在 80 Pa 之前安全装置不能动作。在产生熄火、回火影响使用的火焰溢出及妨碍使用的离焰现象之前，关闭通往燃烧器的燃气通路	调节挡板使调压箱内压力徐徐上升，在目测安全装置动作之前，燃烧器有无熄火、回火、影响使用的火焰溢出及妨碍使用的离焰现象，检查安全装置是否在 80 Pa 之前动作，动作后燃气通路是否关闭
	防过热安全装置	动作温度应不大于 110℃，动作后，关闭通往燃烧器的燃气通路，且不应自动开启	人为地使出水温度慢慢升高，当防过热安全装置动作时，检查通往燃烧器的燃气通路是否关闭，测定其动作温度；当温度恢复到正常温度时，检查通往燃烧器的燃气通路是否自动开启
	泄压安全装置	开阀水压小于水路系统的耐压值	给热水器通水，在其充满水的状态下关闭供热水出口，然后从进水入口缓慢加压，在达到水路系统耐压值之前检查安全装置是否动作，泄压值应高于最高适用水压
	自动防冻安全装置	在冻结前安全装置起作用	将热水器安装在低温试验箱内，缓慢降低温度，检查安全装置是否在温度降到 0℃ 之前动作
热效率		不小于 80%	燃气阀门开至最大位置，调节出水温度比进水温度高 (40 ± 1)℃，热水器点燃 15 min 后用气体流量计测定燃气流量，计算出放热量；通过出水量计算出吸热量，吸热量除以放热量即为热效率
热水产率		不小于额定产热水能力的 90%	通过折算热负荷以及热效率计算出温差 25℃ 时的产热水能力

五、燃气具自动装置与安全装置在燃气具上的应用

1. 自动装置

应用于各类燃烧设备上的自动点火装置的形式很多，常用的有以下三种：

（1）电火花点火

电火花点火是利用点火装置产生的高压电在两电极间隙产生的电火花来点燃燃气。目前在民用燃具上使用的几乎都是电火花点火方式。

电火花点火装置可分为单脉冲点火装置和连续电脉冲点火装置两种形式。

1）单脉冲电火花点火装置。所谓单脉冲电火花点火装置是指每操作一次燃具点火开关，点火装置只产生一个电脉冲火花。主要用于小负荷的民用灶具和热水器。

单脉冲电火花点火装置可分为压电陶瓷和电子线路两种。

压电陶瓷点火装置是利用压电材料受压时在其表面产生电荷，电荷量与所受压力成正比。压电陶瓷是一种具有非常高的压电系数的压电材料。如图3—5所示，借助外力使压电陶瓷Ⅰ与Ⅱ相冲击，可以输出 8～18 kV 的高压，击穿电极间隙为 4～6 mm，产生电火花，用以点燃燃气。

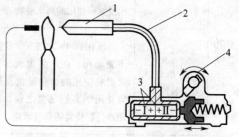

图3—5　单脉冲压电陶瓷点火装置

1—绝缘陶瓷　2—高压导线
3—压电陶瓷　4—撞锤机构

电子线路单脉冲点火装置是利用电子电路产生电压。其工作原理如图3—6所示，当把开关S置于1端时，由T1升压，经二极管V2整流后，由电容器C储能，接着将由R、V1和T1组成的自耦反馈振荡回路起振，当把开关S置于2端时，振荡回路停振，电容C储存的能量通过高压变压器的一次线圈释放，在二次线圈中感应出一个 10 kV 以上的高压，在两极产生电火花，点燃燃气。

2）连续电脉冲点火装置。连续电脉冲点火装置是指当按下燃具点火开关时，点火装置可以连续不断地放出电脉冲火花。这种点火装置与单脉冲点火装置相比，其

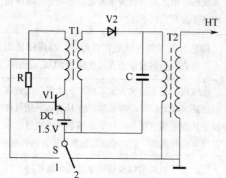

图3—6　电子线路单脉冲点火装置

优点是操作方便，点火着火率高，可以达到100％。主要用于燃气热水器。

目前用在燃气用具上的连续电脉冲点火装置的种类较多，有以干电池作为电源的晶体管电子电路点火装置和以市电作为电源的自动点火控制系统，大致可分为晶闸管式和电压开关管式两种类型。

（2）炽热丝点火

利用电流将电阻丝加热至炽热状态，使通过它的可燃混合气流被点燃。由于可以实现对气流的连续点火，因此点火可靠。

（3）小火点火

大流量气流增大了散热，致使初始火焰中心不易形成。在功率较大的各类工业燃烧器上，往往采用小火焰点火的方式，即先利用电火花或炽热丝等方式点燃燃气流量较小的点火燃烧器，形成小的燃烧火焰，然后再利用小火焰较容易地实现对主气流的点火。

2. 安全控制装置

在燃气应用设备上安装安全自动保护装置的目的是为了保证燃气燃烧的安全性及可靠性，发生异常现象时能及时切断燃气，以避免发生事故。

（1）熄火保护装置

熄火保护装置是燃气燃烧控制系统中重要的组成部分之一。当燃烧设备内的火焰熄灭时，它能自动切断燃气，防止未燃气体继续进入燃烧设备，避免发生爆炸事故。熄火保护装置广泛地应用于家用燃气灶具、燃气热水器以及其他燃气用具中。

根据检测原理不同，常见的熄火保护装置有如下几种：

1）热电式熄火保护装置。该种保护装置是以热电偶为火焰传感元件、电磁阀为执行元件所组成的装置。当热电偶感知火焰意外熄灭时，电磁阀就自动切断燃气通路。热电式熄火保护装置主要有直接关闭式和隔膜阀式两种。

①直接关闭式熄火保护装置。其工作过程如图2—15所示。按下气阀钮，同时点火装置产生电火花点燃火种，热电偶的感热部分被加热，由于热电偶的热惰性，需保持此状态一段时间，直到热电偶产生的电流能激励电磁阀的铁心和衔铁保持吸合状态，再松开气阀钮。

如在使用中常明火熄灭或其他原因造成热电偶感热部分温度下降，导致热电偶产生的电流降低到一定值时，电磁阀的铁心和衔铁脱离，在弹簧力的作用下，电磁阀的密封垫切断燃气通路。

②隔膜阀式熄火装置。其工作原理基本同直接关闭式，唯一不同之处是利用塑

料隔膜来切断气路，如图2—17所示。电磁阀吸合时，控制薄膜上方压力的燃气入口4被关闭，燃气排出口5同时开启，作用于薄膜上方的压力逐渐下降，燃气通路打开。如遇燃具火焰熄灭，热电偶提供的电流逐渐减小到一定值时，电磁阀断开，此时控制薄膜上方压力的燃气入口4被开启，燃气排出口5关闭。这样，作用于薄膜上方的压力不断升高，最后切断燃气通路。

热电式熄火保护装置的缺点是：热电偶的热惯性较大，尤其是在有辐射热的炉膛中，熄火后很久也不会冷却，因此负荷较大的工业燃烧器上很少使用。

2）光电式熄火保护装置。在工业燃烧器上常用光电管来检测火焰发出的光信号。过去采用的火焰检测元件通常是接收红外线辐射。由于灼热炉膛与火焰的红外线很容易相互混淆，所以现在都利用火焰的紫外线辐射作为信号。因为紫外线光电管具有较窄的灵敏范围，可减少其他辐射源的干扰。气体和油火焰的紫外线辐射强度比炉膛的辐射强度大得多，这就消除了对火焰检测元件的干扰。紫外线火焰检测元件的布置如图3—7所示。

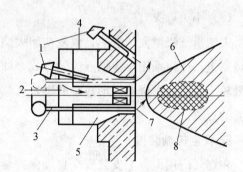

图3—7　紫外线火焰检测元件的布置

1—火焰检测元件（充氮二极管）　2—一次空气
3—气枪　4—二次空气　5—调风器
6—天然气火焰　7—天然气　8—紫外线辐射区

紫外线火焰检测元件必须准确地对准气体火焰的紫外线辐射区，才能保证检测元件的正常工作。检测元件内装有一个指示器，能反映紫外线辐射强度的变化，并发出信号，经放大后及时关闭或开启燃气电磁阀。

除光电管外，还可以用光电池、光敏电阻等一系列元件作为传感元件。其主要优点是可靠性好，动作迅速，而且可与自动点火以及各种自动保护及报警等功能兼容。但由于其制作复杂、成本较高，并且要引入交流电，因此只限于用在工业燃烧装置以及高档民用燃具中。

3）火焰离子探针熄火保护装置。高温火焰中的气体会发生电离而具有导电性能。金属导体探针置于火焰中，则回路导通。火焰一旦熄灭，电流消失，则与之相连的电磁阀动作，切断燃气通路。该种装置使用电磁阀作为执行元件，动作非常迅速，可靠性好。图3—8所示为目前燃气热水器上普遍使用的火焰离子探针式快速安全装置。

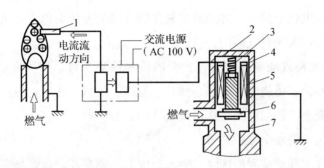

图 3—8　火焰离子探针式快速安全装置

1—火焰离子探针　2—电磁阀　3—弹簧　4—线圈　5—阀芯　6—阀　7—阀座

（2）缺氧保护装置

燃气热水器在缺氧状态下燃烧，会形成不完全燃烧，烟气中的一氧化碳含量会大幅增加，不仅污染了环境，严重的还会造成人体一氧化碳中毒。同时，由于缺氧状态燃烧会造成火焰脱火或离焰燃烧。因此在不少燃气热水器中都安装了缺氧保护装置。

缺氧保护装置可分为引射管式、单偶式、双偶式、一氧化碳气敏元件及火焰检测棒式等。

1）引射管式缺氧保护装置。引射管式缺氧保护装置如图 3—9 所示，从气阀中引出少量燃气通过引射管点燃射向热电偶，如果燃烧时空气不足，则火焰不能很好地烤到热电偶，热电偶产生的电动势不足，关闭燃气阀门。

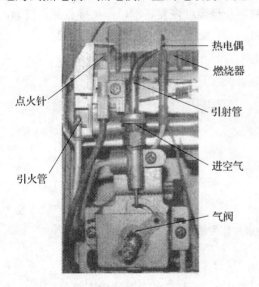

图 3—9　引射管式缺氧保护装置

2）单偶式缺氧保护装置。将热电偶安装在燃烧器附近，正常燃烧时，热水器主火焰烤到热电偶。当热水器发生缺氧时，主火焰变长，火焰不能很好地烤到热电偶，热电偶产生的电动势下降，关闭燃气阀门。

3）双偶式缺氧保护装置。一只热电偶安装在主燃烧器附近，另一只热电偶安装在燃烧室上部。两只热电偶的电动势按反方向连接，使得两者的电动势相减，然后输出信号。

4）一氧化碳气敏元件式缺氧保护装置。一氧化碳气敏元件对一氧化碳非常敏感，产生电化学反应，并随着一氧化碳含量的变化而急剧变化，将信号放大后控制有关电路，关闭燃气阀门。

5）火焰检测棒式缺氧保护装置。火焰检测棒除了可以检测火焰是否熄灭外，当热水器发生不完全燃烧时，火焰会伸长、变虚、发飘。此时，流过火焰检测棒的离子电流急剧变小，控制电路动作而关闭气源。

（3）防过热空烧安全保护装置

当热水器气水联动装置损坏时，热水温度会急剧升高，最终会汽化造成热水器内部压力过高而损坏。为防止空烧等意外事故的发生，热水器必须装有防空烧安全装置。一般采用以下两种方法：

1）在热水器出水管附近安装一个温度敏感元件。该温度敏感元件在一般正常温度下时电阻值接近于零。而当温度超过某一数值（如85～100℃）时，元件的电阻值突然增大。通常将它串接在熄火保护装置中热电偶与安全电磁阀的连线中，当过热发生时，由于温度敏感元件的电阻值突然增大，电磁阀线圈内的电流急剧减小，关闭燃气阀门。

2）双金属片作为敏感元件的装置。如图3—10a所示，在正常情况下，开关接点接通，控制电路使电磁阀打开，热水器开始燃烧。当水温异常升高时，双金属片慢慢变形，当达到设定的动作温度（如85～100℃）时，双金属片迅速向一侧突出，带动相连的触杆，并将下端的开关接点顶开，通过电气回路，关闭燃气阀门，如图3—10b所示。这种安全装置是可恢复性的，一旦温度恢复正常，开关接点又将接通。

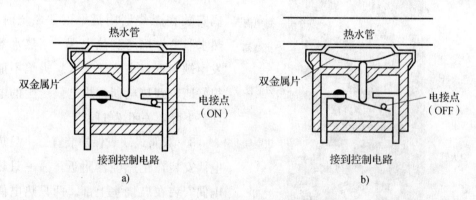

图3—10 双金属片作为敏感元件

（4）泄压安全装置

当热水器水路系统和采暖系统压力过高时，会造成水管爆裂或连接处渗水。为防止系统内压力过高，在热水器的水路系统中安装泄压安全装置。

图3—11所示为一种溢流阀方式的泄压安全装置。当管内压力正常时，溢流阀内

的橡胶块将进水口堵住，无溢流作用，若管内压力过高，溢流阀内橡胶块右面弹簧的压力不及左面水压，橡胶块往右移动，自动打开溢流阀放水，使管内压力降低。这

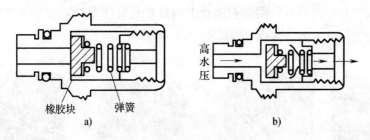

图 3—11　溢流阀方式的泄压安全装置

种溢流阀方式的泄压安全装置是可恢复的，一旦水压正常，橡胶块又在弹簧的压力下将进水口堵住。

（5）风压开关

为防止外部风力过大，造成烟气倒灌入室内，热水器在排烟道出口处附近安装有风压开关。该装置还能防止烟道堵塞造成的烟气倒流室内，因此也称为烟道堵塞安全装置或者防倒风安全装置。

1）采用微动开关的风压开关。如图 3—12 所示，风力正常时，由于弹簧的作用，通过膜片和开关轴使微动开关接通，热水器正常工作。当外部风力过大时，它内部的膜片朝反方向移动并使微动开关的触点断开，发出关机信号。根据情况，微动开关的动作也可以反过来设计。

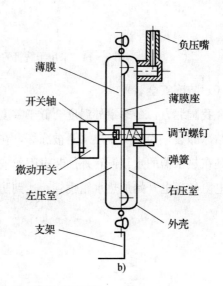

图 3—12　采用微动开关的风压开关

2）采用干簧管的风压开关。如图3—13、图3—14所示，在正常情况下，内部干簧管的触点是断开的。当外部风力过大或排烟道发生意外堵塞、烟道内压力增加时，橡胶膜片往下移动，固定在膜片上的磁铁也往下移动，使干簧管的触点接通，信号送至控制电路，使热水器停止工作。

图3—13　采用干簧管的风压开关的外观

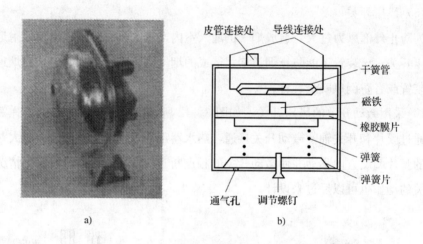

图3—14　采用干簧管的风压开关的内部结构

（6）防冻安全装置

在我国北方，冬季室外温度会低于零度，烟道式热水器或室外式热水器的水箱容易结冰冻裂，为了防止热水器被冻坏，在热水器内需要安装防冻安全装置。它的原理是在热水器的水箱铜管外加装电阻丝或电阻棒，当热水器内的温度低于设定值时，电阻丝通电开始加热水箱铜管，达到防冻目的。

第 2 节　回火、离焰、黄焰等故障的诊断和排除

学习单元 1　回火故障的诊断和维修

　　喷嘴堵塞会使口径变小，燃气量减少，燃烧器火孔面积过大，使燃气与空气混合气从火孔处喷出速度减缓，都极易发生回火现象。

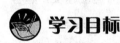

学习目标

➤ 熟悉喷嘴堵塞、火孔面积过大对回火倾向性的影响

➤ 掌握因喷嘴堵塞、火孔面积过大造成的回火故障诊断排除方法和燃烧器的更换操作方法

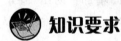

知识要求

一、热水器回火故障的原因分析

1. 燃气的燃烧速度

　　垂直于燃烧焰面，火焰向未燃烧气体方向传播的速度称为燃烧速度。燃烧速度不仅对火焰的稳定性有很大的影响，而且对燃烧方法的选择及燃具的安全使用也有实际意义。燃气的燃烧速度与燃气和空气的混合比例，燃气组分，温度，混合速度，混合气体压力有关。

2. 火焰的稳定性

　　火焰的稳定性主要指火焰在燃烧过程中既不回火，也不离焰脱火的性能。火焰的稳定条件是由火孔气流速度和火焰的燃烧速度比来决定的。若取沿火孔横截面上气流的速度按抛物线分布来看，火孔中心气流速度最大，至火孔壁处降为零。而燃烧速度，在部分前焰面上都可以认为不变化，只在火孔壁处，由于孔壁对火焰的熄

灭作用燃烧速度才显著降低，在孔壁处即为零值。当火孔出口流速低于某一值时，距孔壁不远处的气流速度会小于火焰传播速度，此时火焰会缩入火孔，发生回火，这时火孔出口速度值即为回火极限。随着火孔出口速度的增加，火焰将会拉长，在该火焰前焰面上任一点的法向分速度等于燃烧速度，火焰即保持稳定。当火孔出口速度增大至某一数值时，火焰显著升高，根部会卷入过多的二次空气，冲淡燃气，加强了火焰根部的冷却作用，火焰传播速度降低，从而出现离焰。火孔出口速度继续增大，就会发生脱火。根据以上情况来看，火焰的稳定性主要和火孔边缘，即火孔根部的情况有关。火孔直径越大，管壁向周围的散热越小，火焰传播速度就越大，脱火极限就越高；反之，火孔直径越小，火孔壁向周围的散热越大，回火的可能性越小。

3. 回火故障的原因分析

回火是燃气成分比例、压力发生改变，燃具设计、加工、装配不合理引起的现象，根据火焰传播及燃烧稳定理论可知，火孔尺寸越大，火焰传播速度越快，越容易回火。火孔尺寸越小，火焰传播速度越慢，越容易脱火。人工煤气的氢含量高，火焰传播速度快，主要防止回火，故应采用较小的火孔尺寸。天然气及液化石油气的火焰传播速度慢，主要应防止脱火，故采用较大的火孔尺寸。但是，为了防止污染及堵塞，火孔直径不宜小于 2 mm。此外，火孔周围环境出现正压时，容易造成回火。燃气与空气的混合气预热温度较高时，燃烧速度随温度而增加，易出现回火。火孔材料导热性能越差，越易回火。火孔出口流速分布不均匀或出现旋涡时，易造成流速小于燃烧速度而回火。如强烈的二次空气扰动，易回火也易脱火。燃气与空气的混合气在火道中燃烧时，燃烧器混合管内气体与火道内气体发生共振现象时易引起回火。

常采用的防止回火方法如下：

（1）冷却燃烧器头部，降低燃气和空气的温度，从而降低燃烧速度以防止回火。

（2）把火孔孔径缩小，使气流速度增加；或在火孔处设置耐热金属网（栅格）。

（3）把火孔做成收缩状，并提高加工精度和降低粗糙度值，以保证速度场均匀。

（4）将燃气净化，避免污垢堵塞火孔而造成气流速度降低。

（5）选择正确的设计参数。

4. 燃气热水器回火故障的原因分析

有些热水器在使用一段时间以后，会发生回火现象，其原因如下：

（1）燃气的成分比例发生变化，使燃气成分中燃烧速度加快的组分（如氢等）增加；压力过低使燃气流速过慢。这两者都使燃烧速度大于气流速度，造成回火。

（2）设计不合理，火孔热强度不符合要求，有的火孔总面积大，单火孔面积大，使火孔热强度低。

（3）燃气中的杂质造成热水器喷嘴堵塞（特别是人工煤气），火孔热强度降低。

（4）喷嘴与引射管的角度不当。

因此，如果热水器设计合理，及时调整风门，清除火孔和喷孔杂质，在气源太差的时间段不用热水器，是可以避免回火的。

二、回火故障诊断排除方法

热水器造成的回火故障可参照表 3—7 进行诊断和维修。

表 3—7　　　　　　　　　　　　　热水器回火故障表

故障原因	原因分析	维修方法
燃气压力过低	用气高峰时供气压力过低，燃气调压器、燃气流量计选配不当造成截流，燃气管线堵塞	①调节燃气压力（自管户）②检查各管线、阀门、流量计是否有截流现象
喷嘴与引射管角度不当	喷嘴与引射管、燃烧器连接松动	用旋具或者专用工具打开前壳，紧固喷嘴和引射管，点燃热水器，热态运行20 min 后观察是否回火
热水器喷嘴堵塞，火孔热强度降低	热水器在使用一段时间以后，由于燃气中含有部分杂质，堵塞燃气喷嘴，造成热水器火孔热强度降低，引起回火现象	用旋具或者专用工具打开前壳，用扳手取出燃烧器和喷嘴，用针或钻头疏通各喷嘴并在孔中晃动。将燃烧器和喷嘴安装固定到热水器当中，点燃热水器，运行至少 20 min，观察热水器是否回火
单火孔面积大，火孔热强度低	热水器设计误差或者燃气组分发生变化	用扳手取下燃烧器，更换原厂设计适用于所用燃气的燃烧器组件（火孔面积小）。将燃烧器和喷嘴安装固定到热水器当中，点燃热水器，运行至少 20 min，观察热水器是否回火

技术要求

喷嘴堵塞、火孔面积过大等因素造成的回火故障的诊断和排除

一、操作准备

（1）对于由于喷嘴堵塞造成的回火，应准备通孔针或钻头（应小于喷嘴直径）、活扳手、旋具、生料带等。

（2）对于由于火孔面积过大造成的回火，应准备原厂燃烧器组件、密封垫、活扳手、旋具、生料带等。

二、操作步骤

回火故障的诊断和维修操作流程如图 3—15 所示。

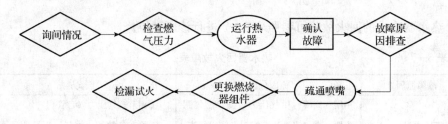

图 3—15　回火故障的诊断和维修操作流程

步骤 1　询问情况

询问用户热水器的使用年限、使用状态，回火故障发生的情况，包括发现故障到现在的时间、故障发生的频率以及点燃热水器后多长时间开始回火等。

步骤 2　检查燃气压力

打开水、气、电源，点燃热水器，检查燃气运行压力。

步骤 3　运行热水器

开启热水器运行一段时间，使热水器处于热态。

步骤 4　确认故障

当发生回火时，关闭热水器，反复关闭开启热水器数次，确认回火故障存在。

步骤 5　故障原因排查

检查燃气运行压力是否在正常使用范围内，打开热水器外壳，检查燃气喷嘴与燃烧器固定是否牢固。

步骤 6　疏通喷嘴

用活扳手取下喷嘴或喷嘴组件，用通孔针或钻头疏通每一个喷嘴，安装后试火

燃烧，在热态下观察是否回火。

步骤 7　更换燃烧器组件

如仍有回火现象发生，更换原厂燃烧器组件。

步骤 8　检漏试火

在热水器上安装固定燃烧器、喷嘴和其他组件，连接燃气管道检漏。点燃热水器，在热态下观察热水器是否回火。

三、注意事项

（1）向用户询问回火故障情况，包括热水器的使用时间，开始发生回火的时间，一般在使用一段时间以后才发生回火的热水器喷嘴堵塞造成的回火可能性比较大，刚买来不久就发生回火的热水器燃烧器火孔面积过大造成回火的可能性比较大。

（2）在确认热水器回火后，先应测定燃气动态压力，如果过低则有可能是因为燃气管线堵塞或截流造成的供气不足导致的回火。

（3）在拆卸燃烧器和喷嘴时，一定要注意不要破坏燃烧器周围的热电偶，电源导线。

（4）在用针或钻头疏通各喷嘴时应注意，不要把喷嘴捅大，否则会影响热水器的燃烧工况，造成黄焰、烟气中一氧化碳含量过高等不完全燃烧现象。

（5）热水器的燃烧器和喷嘴应安装牢固，位置准确，否则也会产生回火现象。

 学习单元 2　热水器离焰、脱火故障的诊断和排除

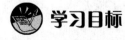 **学习目标**

➤了解火孔面积小、风机抽力过大等因素对离焰、脱火倾向性的影响

➤掌握因火孔面积小、风机抽力过大等因素造成的离焰、脱火故障的诊断和排除方法

 **知识要求**

一、火孔面积小，风机抽力过大等因素对离焰、脱火倾向性的影响

1. 热水器燃烧时的离焰和脱火现象

离焰是火焰根部离开火孔一段距离，飘在燃烧器上方燃烧的现象；脱火是火焰离开火孔的距离更大一点，直至完全脱离火孔的现象。造成离焰和脱火的原因正好与造成回火的原因相反，即由于燃气与空气的混合气从火孔喷出的流速超过火焰传播速度发生的。离焰、脱火与回火一样破坏了正常的燃烧工况，造成了火焰熄灭，使燃气泄漏出来，很容易发生爆炸着火事故，因此必须防止离焰和脱火。

2. 热水器离焰和脱火故障的原因分析

离焰和脱火是由于燃气与空气的混合气从火孔喷出的流速超过火焰传播速度而发生的，因此造成热水器离焰和脱火故障的主要原因如下：

（1）燃气压力过高，使燃气流量增加，同时也增大了混合气从燃烧器火孔喷出的速度。

（2）一次空气量太多，会增加混合气喷出的速度，容易引起离焰和脱火。

（3）热水器在使用一段时间以后，燃烧器火孔会被部分堵塞，造成火孔面积减小，或者由于热水器设计加工的问题造成火孔面积小，增加混合气喷出的速度，引起热水器离焰和脱火。

（4）火孔周围风速大、温度低降低了火焰传播速度，造成热水器离焰和脱火。

3. 防止离焰和脱火的方法

（1）利用火焰稳定器，使气流产生旋转或降低速度，达到新的动力平衡。

（2）利用火焰加热火道、网格或其他耐火材料，从而获得高温表面。

（3）采用阻力较大的稳焰孔，在主火孔的侧方、下方或上方形成一些出口流速较小的、稳定的辅助火焰，增加对主火焰根部的加热，也就防止了脱火。

二、热水器离焰、脱火故障的诊断和排除方法

热水器离焰、脱火故障的诊断和排除见表3—8。

表 3—8　　　　　　　　　热水器离焰、脱火故障的诊断和排除

故障原因	原因分析	排除方法
燃气压力过高	燃气供气压力不正常	调节燃气压力（自管户）
一次空气量太多，增加混合气喷出的速度	热水器引射管与喷嘴结构不合理，风机抽力过大	安装限流环或挡板
热水器燃烧器堵塞，火孔面积减小	热水器在使用一段时间以后，由于燃气燃烧产生的积炭等堵塞燃烧器火孔	清理燃烧器
燃烧器火孔面积小	热水器设计误差或者燃气组分发生变化	更换燃烧器组件

 # 技能要求

对火孔面积小、风机抽力过大等因素
造成的离焰、脱火故障进行诊断和排除

一、操作准备

（1）对于因风机抽力过大造成的离焰、脱火故障应准备活扳手、旋具、限流环、挡风板、燃烧器等。

（2）对于因火孔面积小造成的离焰、脱火故障应准备活扳手、旋具、燃烧器等。

二、操作步骤

离焰、脱火故障的诊断和排除操作流程如图 3—16 所示。

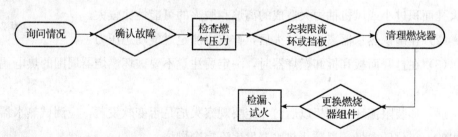

图 3—16　离焰、脱火故障的诊断和排除操作流程

步骤 1　询问情况

询问用户热水器的使用年限、使用状态，离焰、脱火故障发生的情况，包括发现故障到现在的时间、故障发生的频率等。

步骤 2　确认故障

打开水、气、电源，测试燃气运行压力，观察火焰状况，若有 1/3 以上火孔离焰，确认故障存在。

步骤 3　检查燃气压力

检查燃气运行压力是否在正常使用范围内，分析产生离焰、脱火的原因。

步骤 4　安装限流环或挡板

在停机状态下，拆卸烟管弯头，在排烟口装限流环或在燃烧状态下，用铁板遮挡燃烧器下方或燃烧室与燃烧器之间的间隙等处，若故障消失，关闭水、气、电源，制作正式的挡板并安装。

步骤 5　清理燃烧器

用旋具摘下热水器面板，用活扳手取下燃烧器，用刷子刷去燃烧器出口处的灰尘、积炭等杂物，安装燃烧器。

步骤 6　更换燃烧器组件

活扳手摘下燃烧器，更换原厂火孔面积较大的燃烧器组件。

步骤 7　检漏、试火

检漏方法同前文相关内容。点燃热水器，在冷态情况下观察热水器是否离焰、脱火。

三、注意事项

（1）向用户询问离焰和脱火故障情况，包括热水器的使用时间，开始发生离焰和脱火的时间。一般在使用一段时间以后才发生离焰和脱火的热水器，燃烧器堵塞造成的离焰和脱火的可能性比较大。刚买来不久就发生离焰和脱火的热水器，燃烧器火孔面积过小或风机抽力大造成的离焰和脱火的可能性比较大。

（2）在确认热水器离焰和脱火后，首先应测定燃气动态压力。

（3）在打开面板和拆卸燃烧器时，一定要注意不要破坏燃烧器周围的热电偶和电源导线。

（4）加装限流环或挡板以后，一定要观察火焰是否变软发黄，应测试热水器烟气中的一氧化碳含量，以防止热水器发生不完全燃烧。

学习单元 3　热水器黄焰故障的诊断和排除

学习目标

➤ 了解喷嘴直径过大、喷嘴与引射器喉部距离不合适（偏小）等因素造成的黄焰故障的原因分析

➤ 掌握因喷嘴直径过大、喷嘴与引射器喉部距离不合适（偏小）等因素造成的黄焰故障的诊断和排除方法

知识要求

一、喷嘴直径过大、喷嘴与引射器喉部距离不合适（偏小）等因素造成的黄焰故障的原因分析

1. 燃气燃烧原理

燃气是各种气体燃料的总称，通常由一些单一气体混合而成，其组分主要是可燃气体（如碳氢化合物、一氧化碳、氢、硫化氢），同时也含有一些不可燃气体（如氮、二氧化碳等）。气体燃料中的可燃成分在一定条件下与氧发生激烈的氧化反应，并产生大量的热和光的物理化学反应过程就是燃烧。

燃烧必备的条件是：燃气中的可燃成分和空气中的氧气需按一定的比例呈分子状态混合；参与反应的分子在碰撞时必须具有破坏旧分子和生成新分子所需的能量；具有完成反应所必需的时间。

燃气燃烧后的产物就是烟气。燃气完全燃烧生成的烟气组分是二氧化碳、二氧化硫、氮氧化物、氮和水。当不完全燃烧时，除以上气体外，还含有一氧化碳、甲烷和氢等。

燃气完全燃烧时的火焰呈浅蓝色，内外锥轮廓清晰，温度较高。但当不完全燃烧时，火焰呈黄色，即产生了黄焰。黄焰软弱无力，温度较低，容易形成积炭，而且燃烧烟气中会产生一氧化碳气体，一氧化碳是一种有毒气体，轻者会危害人身健康，重者会造成人体窒息死亡。因此，应对热水器的黄焰故障引起足够的重视。

2. 大气式燃烧器的构造及工作原理

热水器多采用大气式燃烧的方式，大气式燃烧器的工作原理是：燃气在一定压力下，以一定流速从喷嘴流出，进入吸气收缩管，燃气靠本身的能量吸入一次空气。在引射器内燃气和一次空气混合，然后经燃烧器火孔流出，进行燃烧。大气式燃烧器示意图如图 3—17 所示。

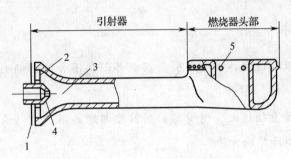

图 3—17　大气式燃烧器示意图
1—调风板　2—一次空气口　3—引射器喉部　4—喷嘴　5—火孔

大气式燃烧器包括以下组件：

（1）引射器

其作用一是以高能量的燃气引射低能量的空气，并使两者混合均匀；二是在引射器末端形成所需的剩余压力，用来克服气流在燃烧器头部的阻力损失，使燃气与空气的混合气在火孔出口获得必要的速度，以保证燃烧器稳定工作；三是输送一定的燃气量，以保证燃烧器所需的热负荷。引射器又由喷嘴、吸气收缩管、一次空气吸入口、混合管和扩压管组成。其中喷嘴的作用是输送所需的燃气量，并将燃气的势能转变成动能，依靠引射的作用引射一定量的空气。在安装喷嘴时，其出口截面到引射器的喉部应有一定的距离，否则将影响一次空气的吸入。喷嘴出口截面与引射管喉部的距离越近，引射的一次空气量就越少；反之，引射的空气量就越多。

（2）燃烧器头部

其作用是将燃气和空气的混合物均匀地分布到各火孔上，并进行稳定和完全的燃烧。

3. 热水器黄焰故障的原因分析

从燃烧原理中可以看出，黄焰是由于热水器不完全燃烧产生的，一次空气和二次空气供给不足，或者燃气空气混合不均匀是造成不完全燃烧的主要原因。从大气式燃烧器的原理可以看出，喷嘴越大，输送的燃气就越多，完全燃烧需要的空气量就越大，否则就会造成不完全燃烧。喷嘴截面与引射器喉部的距离越近，一次空气的摄入量就越少，也容易造成不完全燃烧。另外由于热水器常年使用，燃烧器火孔、热交换器被积炭堵塞，二次空气量减少，也会造成黄焰故障。

二、因喷嘴直径过大、喷嘴与引射器喉部距离不合适（偏小）等因素造成的黄焰故障的诊断和排除方法

热水器产生黄焰故障的诊断和排除见表 3—9。

表 3—9　　　　　　　　　　热水器产生黄焰故障的诊断和排除

故障原因	原因分析	排除方法
燃烧器、热交换器火孔堵塞	热水器长期使用，造成燃烧器和热交换器积炭堵塞	清理燃烧器和热交换器
喷嘴直径过大，喷嘴与引射器喉部距离不合适	热水器设计误差或者燃气组分发生变化	更换喷嘴或安装配气管和燃烧器总成

 技能要求

喷嘴直径过大、喷嘴与引射器喉部距离不合适（偏小）等因素造成的黄焰故障进行诊断和排除

一、操作准备

（1）刷子、喷嘴、密封胶、生料带等。

（2）活扳手、小呆扳手、旋具等。

二、操作步骤

黄焰故障的诊断和排除操作流程如图 3—18 所示。

步骤 1　询问情况

询问用户热水器的使用年限、使用状态，黄焰故障发生的情况，包括发现故障到现在的时间、故障发生的频率等。

步骤 2　确认故障

打开水、气、电源，测试燃气运行压力，观察火焰状况，确认故障存在。

步骤 3　清理燃烧器火孔

在停机状态下，用旋具打开热水器面板，用活扳手摘下燃烧器，用刷子清理燃

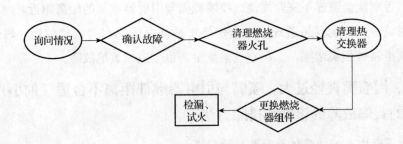

图 3—18　黄焰故障的诊断和排除操作流程

烧器，安装燃烧器。

步骤 4　清理热交换器

在停机状态下，用旋具打开热水器面板，用活扳手摘下燃烧器，用刷子清理热交换器，确认热交换器没有堵塞。

步骤 5　更换燃烧器组件

在停机状态下，用旋具打开热水器面板，用活扳手摘下燃烧器，拆下配气管，用小呆扳手拧下喷嘴，更换截面积较小的喷嘴，安装配气管和燃烧器总成。

步骤 6　检漏、试火

检漏方法同前文相关内容。点燃热水器，黄焰消失，确认故障排除。

三、注意事项

（1）向用户询问黄焰故障情况，包括热水器的使用时间，开始发生黄焰的时间。一般在使用一段时间以后才发生黄焰的热水器，燃烧器堵塞或热交换器堵塞造成的黄焰可能性较大。刚买来不久就发生黄焰的热水器，可能是由于喷嘴直径过大或喷嘴与引射器喉部距离不合适。

（2）对于使用一年以上的热水器在维修过程中一定要清理燃烧器和热交换器的积炭。

（3）更换燃烧器喷嘴时一定要涂密封胶上紫铜垫。安装燃烧器总成时，应注意垫片是否损坏。

第 3 节　开启水阀后大火不着故障的诊断和排除

 学习单元 1　风压开关损坏、采压管脱落或堵塞造成的大火不着故障的诊断和排除

 **学习目标**

➤ 掌握因风压开关损坏、采压管脱落或堵塞造成的大火不着故障的诊断和排除方法。

 知识要求

从目前燃气热水器的发展趋势来看，逐渐朝着自动化、人性化和安全性发展，热水器的误操作或者保护装置故障都会使热水器无法启动运行，因此造成热水器无法启动的故障往往是由于安全保护装置的故障造成的。

风压开关是热水器烟道堵塞安全装置和风压过大安全装置的关键部件，其外观和内部结构如图 3—19、图 3—20 所示。

如图 3—19 所示的风压开关由导气管、压差盘、微动开关、弹簧推杆和压力调节螺钉等组成。其工作原理是风机没工作时，压差盘两侧压力处于平衡状态。弹簧推杆在弹簧力的作用下压迫微动开关，使其处于断开状态；当风机工作时，由于风机抽风的作用使压差盘的上侧成负压状态，下侧压力腔内的正压推动阀膜使弹簧推杆向上运动，释放

图 3—19　风压开关外观

微动开关的触点，使微动开关接通，输出信号给控制器，达到风压检测的目的，风压的动作压力是通过风压检测开关上部的动作压力调节螺钉来调节的。当烟道堵塞或者烟道倒灌风时，压差盘上下侧压力趋于平衡状态，从而关闭燃气热水器。

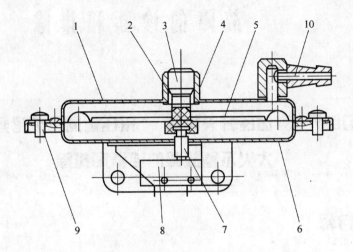

图 3—20　风压开关内部结构

1—压差盘（上部）　2—压力调节螺母　3—压力调节螺钉　4—弹簧　5—阀膜（下部）

6—压差盘（下部）　7—微动开关推杆　8—微动开关　9—安装螺钉　10—导风管接头

当风压开关损坏或者采压导管破损脱落时，都会造成热水器不启动，其表征为当通水时，热水器风机启动，但是无脉冲点火，有部分类型的热水器根本不启动。

如果是采压导管破损、脱落或是采压导管弯折不通气、管内有冷凝水，可通过处理或更换采压导管的方式排除故障；如果是风压开关损坏，则必须更换风压开关。

 技能要求

对风压开关损坏、采压导管脱落或堵塞造成的
大火不着故障进行诊断和排除

一、操作准备

（1）风压开关、采压导管、防折弹簧等。

（2）活扳手、旋具等。

二、操作步骤

大火不着故障的诊断和排除操作流程（1）如图 3—21 所示。

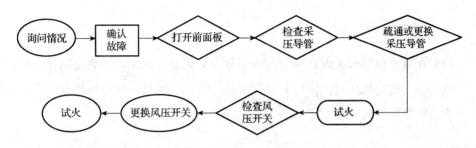

图 3—21　大火不着故障的诊断和排除操作流程（1）

步骤 1　询问情况

询问用户热水器的使用年限、使用状态，大火不着故障发生的情况，包括发现故障到现在的时间，点燃热水器后有无脉冲点火，热水器风机是否启动等。

步骤 2　确认故障

打开水、气、电源，开启热水器，观察热水器不着火的情况，风机是否转动，有无脉冲点火。

步骤 3　打开前面板

用活扳手或者旋具打开热水器面板。

步骤 4　检查采压导管

检查采压导管是否破损或脱落，采压导管是否弯折不通气或管内有冷凝水等。

步骤 5　疏通或更换采压导管

如发现采压导管破损可更换采压导管，如管内有冷凝水，可取下采压导管排出冷凝水后安装好采压导管，如采压导管弯折可加装防折弹簧。

步骤 6　试火

点燃热水器，检查热水器故障是否排除，若故障仍存在或采压导管连接经查没有问题则进行其他检查。

步骤 7　检查风压开关

开启热水器，风机转动后立即从风机采压导管上拔下一根硅胶管，用嘴向管内吹气或吸气（负压吸、正压吹），未听到微动开关闭合声，确认风压开关损坏。

步骤 8　更换风压开关

用旋具摘下原来的风压开关，拔下采压管，安装新的风压开关，插好采压管。

步骤 9　试火

试火，确认故障排除，用旋具装好前面板，交付使用。

三、注意事项

（1）在更换风压开关时，应注意采压导管有无老化迹象，如老化应及时更换。

（2）在安装完风压开关以后，应调节好压力调节螺钉，使热水器在正常工作状态下不会频繁停火。

 学习单元 2　微动开关损坏造成大火不着故障的诊断和排除

微动开关是水膜阀类水气联动装置上的一个电气开关，它的损坏或不能闭合会造成大火不着故障。

 学习目标

➤熟悉因微动开关损坏或动作后未使微动开关闭合造成的大火不着故障的原因分析

➤掌握因微动开关损坏或动作后未使微动开关闭合造成的大火不着故障的诊断和排除方法

 知识要求

一、因微动开关损坏或动作后未使微动开关闭合造成的大火不着故障的原因分析

燃气热水器的基本工作原理是冷水进入热水器，流经水气联动阀体在流动水的一定压力差值作用下，推动水气联动阀门，并同时推动直流电源微动开关将电源接通并启动脉冲点火器，与此同时打开燃气输气电磁阀门，通过脉冲点火器继续自动再次点火，直到点火成功进入正常工作状态为止，此过程持续 5～10 s，当燃气热水器在工作过程或点火过程出现缺水或水压不足、缺电、缺燃气、热水温度过高、意外吹熄火等故障现象时，脉冲点火器将通过检测感应针反馈的信号，自动切断电源，燃气输气电磁阀门在缺电供给的情况下立刻回复原来的常闭阀状态，也就是说此时已切断燃气通路，关闭燃气热水器起安全保护作用。

可见，微动开关（见图 3—22）与水气联动阀门一起组成了热水器的自动点火

系统，当水进入水阀的时候，皮膜由于受到水的压力而向顶片传递压力，顶片上面的弹簧在压力传递过程中打开微动开关使控制器和电磁阀开始工作。从而实现了热水器的安全点火程序。当微动开关发生故障或者动作后未使微动开关关闭，都会引起热水器点火不着。

图 3—22　微动开关

二、因微动开关损坏或动作后未使微动开关闭合造成的大火不着故障的诊断和排除方法

由于微动开关与水气联动阀门一起，组成了热水器的自动点火系统，因此当微动开关发生故障或微动开关安装不合适时，会导致热水器不点火，对于微动开关损坏的热水器，需更换微动开关，对于微动开关安装不当的热水器可通过调整微动开关座拨片（杠杆）的位置解决。

 技能要求

对微动开关损坏或动作后未使微动开关
闭合造成的大火不着故障进行诊断和排除

一、操作准备

（1）微动开关。

（2）旋具。

二、操作步骤

大火不着故障的诊断和排除操作流程（2）如图 3—23 所示。

步骤 1　询问情况

询问用户热水器的使用年限、使用状态，大火不着故障发生的情况，包括发现故障到现在的时间，点燃热水器后有无脉冲点火，热水器风机是否启动等。

步骤 2　确认故障

打开水、气、电源，开启热水器，观察热水器不着火的情况，风机是否转动，是否无脉冲点火。

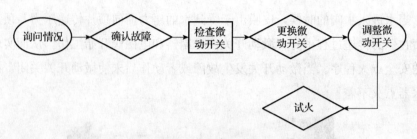

图 3—23　大火不着故障的诊断和排除操作流程（2）

步骤 3　检查微动开关

用小一字旋具撬起开关座上的杠杆，若无脉冲点火，确认微动开关损坏（按步骤 4 排除），有脉冲点火确认微动开关座安装不合适（按步骤 5 排除）。

步骤 4　更换微动开关

若无脉冲点火，确认微动开关损坏，拔下微动开关侧插件，扳手或旋具拆卸并更换微动开关，连接插件。

步骤 5　调整微动开关

若有脉冲点火确认微动开关座安装不合适，调整微动开关座拨片（杠杆）的位置。

步骤 6　试火

打开水、气、电源，开启热水器，确认故障排除后交付使用。

三、注意事项

（1）在插拔微动开关侧插件时，应注意各焊点和连接点不要脱焊、分离。

（2）插拔时应注意各接头的位置。

 学习单元 3　因水气联动装置 （水膜阀、 水流开关、 水控开关） 失灵造成的大火不着故障的诊断和排除

水气联动装置中的皮膜、顶盘损坏，水轮阀、霍尔元件损坏，干簧管损坏，水磁浮子卡滞等都会引起大火不着故障。

学习目标

➢掌握水气联动装置（水膜阀、水流传感器、水流开关）失灵造成的大火不

着故障的诊断和排除方法

知识要求

一、水气联动装置

热水器在使用中若遇停水，必须立刻用自动开关把燃气关闭，不然就会空烧，损坏热水器里的换热器和水箱。为了保护热水器，采用了水气联动装置。

1. 压差式水气联动装置

靠水的压力或水流过文丘里管形成的压力差把燃气阀打开，一旦停水，这个压力或压力差消失，燃气阀就关闭。

压差式水气联动装置的关键部件就是文丘里管，如图 3—24 所示。文丘里管为一个两头粗中间细的管件，在中间截面积最小的部位开有一个小孔。流体经过喇叭口后经过收缩，进入截面积最小处后又逐渐扩张。这时，截面积最小口处的压力低于喇叭口前的压力；当流体停止流动时，两者的压力一样。这是由于在直管中，流

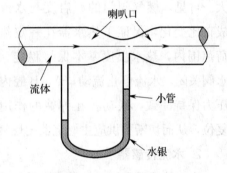

图 3—24　文丘里管

体的流动速度是一样的，但当截面积变小时，流体的流动速度会加快，截面积越小流速越快。而在流体力学中有一条很重要的原理是伯努利原理，即"流速大，压力小"。在以上的管子中，截面积最小的地方也就是压力最小的地方。并且流体流动的速度越快，该点的压力与直管处相比就越小。

水气联动装置的原理如图 3—25 所示。该联动装置的左侧为气阀，右侧为水阀，内有薄膜，中间通过一根联动杆连接。水进入水阀后，水阀中的薄膜在水压的作用下向左移动，并通过联动杆推开联动气阀，同时联动杆在移动中又接通了微动开关，通过控制电路打开电磁阀，通入燃气至燃烧器，同时发出点火信号，点燃燃烧器。若关闭水阀，压力差消失，水阀内的薄膜向右移动，联动杆在弹簧作用下关闭气阀，同时微动开关的接点断开，关闭电磁气阀。如果不是停水而是出水阀关闭，同样也没有压力差，也会关气灭火，以免烧坏换热器。下次再用热水时，一旦打开出水阀，出现水流压力差又会把燃气阀打开。

压差式水气联动装置是利用了水阀中薄膜两侧水的压力差的原理。如图 3—27 所示，在水阀的输水管部分有一个文丘里管，在文丘里管中部截面积最小处设置了

一个取压口，该取压口通往水阀薄膜的左侧 B 腔，因此 B 腔的压力与取压口的压力相同。当水流过文丘里管时，因其中部的截面积最小，因此流动速度最快，根据流体力学中的伯努利原理，在取压口处的压力最小，B 腔压力小于 A 腔压力，薄膜在压力差的作用下向左移动，推动联动杆向左移动，打开燃气阀。流过文丘里管的流量越大，A、B 腔之间的压差也就越大，燃气阀门的开启度也越大。可见，燃气阀门的开启度与水流量成正比变化，保证了热水器在一定热负荷范围内，热水温度基本保持稳定。当水阀关闭，水流停止流动，A、B 腔内的压力保持一致，联动杆在弹簧的作用下复位，从而切断了供应主燃烧器的燃气通路，主燃烧器熄火。

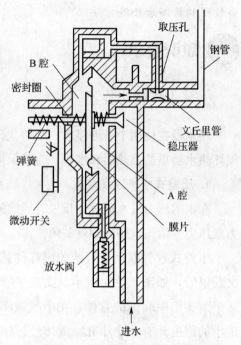

图 3—25　水气联动装置的原理

2. 水流传感器

水流传感器由恒磁性转子和磁传感器两部分组成，磁传感器一般采用磁阻元件（见图 3—26）或霍尔元件。

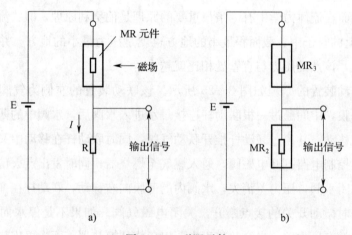

图 3—26　磁阻元件

磁阻元件是电阻值随外部磁场的变化而变化的一种元件，它由化合物半导体（锑化铟和砷化镓）或强磁金属（镍铁合金和镍钴合金）做成。一般化合物半导体呈正磁性，磁场强度增加时电阻加大；而强磁金属呈负磁性，磁场强度增加时电阻减少。将磁阻元件接入电路中，当水流带动恒磁性的转子转动时，在磁阻元件上产生相应的电压变化信号。磁阻元件可以是一个，也可以是多个，使用两个以上磁阻元件的好处可以抵消温度变化带来的影响。

霍尔元件是一种磁感元件，是利用霍尔效应的元件。霍尔效应是一种磁敏效应，如图 3—27 所示，让半导体中流过电流 I_H，并在垂直方向加上磁通 B，则在另两个输出端子 c—d 之间会产生电动势 u_H。该电动势 u_H 依存于磁通 B 而存在，一般将该电动势 u_H 称为霍尔电压。霍尔电压与半导体元件（霍尔元件）的厚度、磁通入射面的夹角 θ、磁通 B 的大小以及电流 I_H 大小等有关。如果半导体厚度一定，电流 I_H 一定，霍尔电压就取决于外部磁通的大小。霍尔元件一般与放大电路等一起做成霍尔集成元件。在水量传感器中，转动的转子对霍尔元件来说就是一个变化的磁通。这种变化的磁通使霍尔元件产生一个变化霍尔电压，经过电路放大和处理后，就得到一串脉冲电压。水压越高，流速越快，则转子转动的速度越快，通过霍

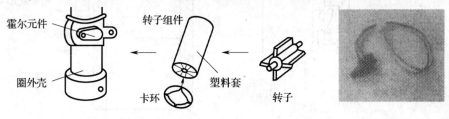

a）

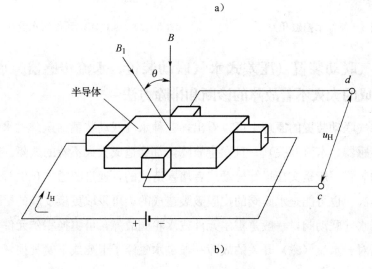

b）

图 3—27　霍尔元件与霍尔效应

a）霍尔元件　b）霍尔效应

尔元件发出的脉冲数就越多，以此来确定进入热水器的水量多少。当转子转速达到一定程度以后，点燃燃烧器燃烧，从而防止了热水器干烧。

3. 水流开关

水流开关的结构要比水流传感器稍微简单一些。图3—28是水控磁开关。当水流未进入时活动盖板关闭，干簧管的电接点断开如图3—28a所示。当水流进入时，水流将活动盖冲开，如图3—28b所示。活动盖上的磁铁靠近干簧管，干簧管的电接点接通，发出信号，使燃烧系统开始工作。图3—29所示为采用霍尔元件的水流开关示意图。当热水器中有水流流动时，水流将开关中的磁铁冲往管壁，在霍尔元件附近产生磁场。通过电流磁效应，在霍尔集成元件的输出端发出信号，使燃烧系统开始工作。

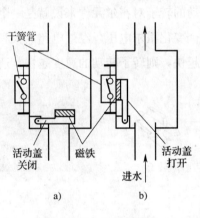

图3—28　水控磁开关

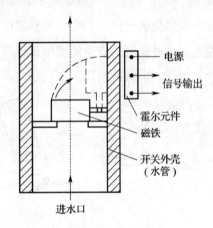

图3—29　采用霍尔元件的水流开关

二、水气联动装置（压差式水气联动装置、水流传感器、水流开关）失灵造成的大火不着故障的诊断和排除方法

从上述水气联动装置的原理中可以看出，三种水气联动装置（压差式水气联动装置、水流传感器、水流开关）一旦发生故障，都会造成大火不着的故障。对于压差式水气联动装置一般是文丘里管松动或者堵塞造成的，通过疏通文丘里管或更换文丘里管来解决，也可能是水膜阀的皮膜破裂造成的，可采取更换皮膜的措施。对于水流传感器水气联动阀，一般是霍尔元件或水轮阀故障，可更换霍尔元件或水轮阀进行维修。对于水流（磁）开关的故障一般是水磁浮子卡死或干簧管损坏，需更换水磁浮子或干簧管。

技能要求

对水气联动装置（水膜阀、水流传感器、水流开关）失灵 造成的大火不着故障进行诊断和排除

一、操作准备

（1）三通顶盘、皮膜、文丘里管、干簧管、霍尔元件、水轮转子组件等。

（2）活扳手、旋具、克丝钳、游标卡尺、万用表、脉冲信号发生器等。

二、操作步骤

1. 压差式水气联动装置的故障诊断和排除

压差式水气联动装置的故障诊断和排除操作流程如图 3—30 所示。

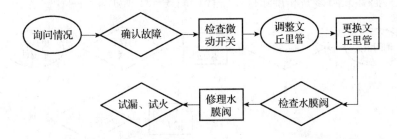

图 3—30　压差式水气联动装置的故障诊断和排除操作流程

步骤 1　询问情况

询问用户热水器的使用年限、使用状态，故障发生的情况。

步骤 2　确认故障

打开水、气、电源，将调温旋钮设在低温位置，开启热水器。若大火不着，将调温钮调至高温位置，启动热水器，确认水气联动装置存在故障。

步骤 3　检查微动开关

用旋具打开热水器前壳旋钮，将水温调节旋钮调至低温位置，打开热水出口节门，打开冷水阀，观察三通阀下微动开关座上的杠杆是否动作，若无动作，关闭水、气、电源。

步骤 4　调整文丘里管

用旋具拆卸水膜阀组件，用大一字旋具拧一下文丘里管，若松动，将文丘里管拧到位。

步骤5 更换文丘里管

若不松动，拆下文丘里管测量内孔，孔过大时，更换文丘里管。

步骤6 检查水膜阀

若文丘里管没有问题，拆下水膜阀组件取出皮膜，查看顶盘是否损坏，皮膜是否破裂，联动杆是否因水垢无法正常运动。

步骤7 修理水膜阀

更换损坏的大顶盘或皮膜，给联动杆上润滑油，装水膜阀组件，打开冷水阀，试漏水。

步骤8 试漏、试火

打开水、气、电源，试漏水，开启热水器，观察火焰燃烧状况，试漏气，确认故障排除，关闭水、气、电源，交付使用。

2. 水流传感器故障诊断和排除

水流传感器故障诊断和排除操作流程如图3—31所示。

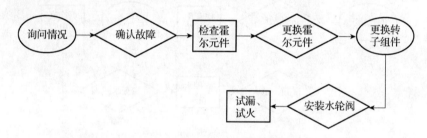

图3—31 水流传感器故障诊断和排除操作流程

步骤1 询问情况

询问用户热水器的使用年限、使用状态，故障发生的情况。

步骤2 确认故障

打开水、气、电源，观察大火不着，确认故障存在。

步骤3 检查霍尔元件

用旋具打开热水器面板，拔下霍尔元件与控制器的连接插件，通过插件将脉冲信号发生器与控制器相连，旋转脉冲信号发生器旋钮选择合适的脉冲数，热水器若能被点燃，确认水流传感器（水流开关）失效。

步骤4 更换霍尔元件

拆下霍尔元件进行更换，将脉冲信号发生器从控制器上拔下，插上霍尔元件，试火。

步骤5 更换转子组件（或更换水轮阀）

若大火被点燃，故障排除；若大火仍不着，关闭水、电、气源，拔下霍尔元件，拆卸水轮阀，更换转子组件（或更换水轮阀）。

步骤 6 安装水轮阀

安装水轮阀，并将霍尔元件与控制器相连。

步骤 7 试漏、试火

打开水、气、电源，试漏水，开启热水器，观察火焰燃烧状况，试漏气，确认故障排除，关闭水、气、电源，交付使用。

3. 水流（磁）开关故障的诊断和排除

水流（磁）开关故障的诊断和排除操作流程如图 3—32 所示。

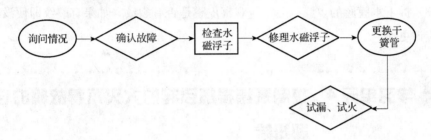

图 3—32 水流（磁）开关故障的诊断和排除操作流程

步骤 1 询问情况

询问用户热水器的使用年限、使用状态，故障发生的情况。

步骤 2 确认故障

打开水、气、电源，观察大火不着，确认故障存在。

步骤 3 检查水磁浮子

用旋具打开热水器面板，用一块磁铁靠近干簧管，若大火着了，确认水磁浮子卡住了（卡在下边）。

步骤 4 修理水磁浮子

关闭水、气、电源，拆下水磁浮子阀体，找出卡死原因，采取相应解决措施或更换水磁浮阀体。

步骤 5 更换干簧管

打开水、气、电源，试漏水，试火，确认故障排除，若大火不着，将干簧管与控制器连线断开，用万用表电阻挡测干簧管两对触点，打开水截门，若电阻为∞，确认干簧管故障，更换干簧管。

步骤 6 试漏、试火

打开水、气、电源，试漏水，开启热水器，观察火焰燃烧状况，试漏气，确认故障排除，关闭水、气、电源，交付使用。

三、注意事项

（1）判断水磁浮子是否卡死时除了用磁铁外，还可以用另一种方法判断：断开电源，多次开关水截门，听水磁浮子动作时是否有咔、咔声，若没有"咔咔"声，说明水磁浮子卡死了。

（2）在无万用表的情况下，要判断干簧管是否损坏，可将干簧管与控制器的连线插头断开，用两根短路线代替干簧管与控制器相连，如果控制器能正常工作（或大火能点着），说明干簧管损坏。

（3）拆下水膜阀的皮膜以后，应观察皮膜是否有裂纹，如果有裂纹即便没有破损也应该更换。

 学习单元4 控制系统损坏引起的大火不着故障的诊断和排除

控制系统的引线连接松动或断线及控制器内部元器件损坏失效，造成控制器的功能丧失，引起大火不着故障的发生。

 学习目标

➤ 了解燃气具电气接线图或控制流程图的识读方法
➤ 掌握因控制系统损坏引起的大火不着故障的诊断和排除方法

 知识要求

一、燃气具或控制流程图的识读方法

使用交流电源的燃气热水器装有电子控制器或单片机电路，引入了科技含量较高的电子控制技术，使燃气热水器的安装、保养和检修变得复杂起来。

为检查、维修方便，一些工厂的强排式热水器产品上，标示了产品的控制流程图和电气接线图。这样除本厂人员外，其他维修人员也可以检查和维修，这就大大方便了热水器的检查和维修，因此不少产品在产品使用说明书中标明上述各图、安全时间和模拟火焰数据等，以方便检测。作为燃气具维修人员，必须看懂热水器的

控制流程图，并根据流程图来检查和维修热水器。

1. 热水器的控制流程图

热水器控制流程框图的图形符号可按《信息处理流程图、程序流程图、系统流程图、程序网络图和系统资源图的文件编制符号及约定》（GB/T 1526—1989）规定处理。

热水器的控制工作流程图应包括从手动投入运行到热水器运转结束的整个工作流程、各部件的动作次序序号、动作判定基准值和故障点的代码。

热水器控制流程框图如图 3—33 所示。图 3—33 中带圆圈的阿拉伯字母代表重要的动作序号，图框内的中文注释是代表工作内容，显示框内的文字是显示内容的代码。

在上方的小流程是关机（控制中断）时的工作流程。

图 3—33 是一台有数显功能的燃气热水器的控制流程框图，从图中可以看到整个热水器工作流程。打开热水器的运行开关，热水器检查温度保险如果无异常运转灯亮，如果有异常则在显示屏中显示数字 14，运转灯亮后打开给水阀，当水流开关的流量低于 2.5 mL/min 时，热水器将无法进入下一道程序，直到水流开关达到 2.5 mL/min 时，检查热敏电阻是否正常，如不正常则在显示屏中显示数字 31，同时关闭给水阀、水流开关，风机停止运转，运转灯熄灭，如果热敏电阻正常，检查热水器内有无残火，当离子探针检测到离子电流大于 0.1 μA 时，显示屏中显示数字 72，同时重复上述停止运行程序。若离子探针的离子电流小于 0.1 μA 时，热水器风机开始转动，如果不转动将不会进入下一步程序，如果风机转动，点火器开始点火，主电磁阀、副电磁阀打开，比例阀缓点火。同时火焰离子探针检测主火焰是否点燃，当离子探针的离子电流小于等于 0.6 μA 时，表明主火没有点燃，点火器停止点火，显示屏中显示数字 11，同时关闭主电磁阀、副电磁阀以及比例阀，风机转速加快，并重复上述停止运行程序。当离子探针的离子电流大于 0.6 μA 时，表明主火已经点燃，燃烧灯亮，点火器停止点火。当热水器的安全装置发生故障时，燃烧灯熄灭，同时关闭主电磁阀、副电磁阀和比例阀，风机风量加大，重复上述停止运行程序。对于防干烧防过热安全装置，启动显示屏中显示数字 14；对于风机异常保护，启动显示屏中显示数字 45；对于熄火保护装置，启动显示屏中显示数字 12。通过以上数字的显示，可以初步判定热水器故障的部件，这就给维修工作带来了很大的方便。但是，不同的热水器，厂家设定的数字是不同的，因此，在维修前要掌握厂家的第一手资料，这样才能做到有的放矢地维修。

热水器控制流程图中的各种框图图符的含义如图 3—34 所示。

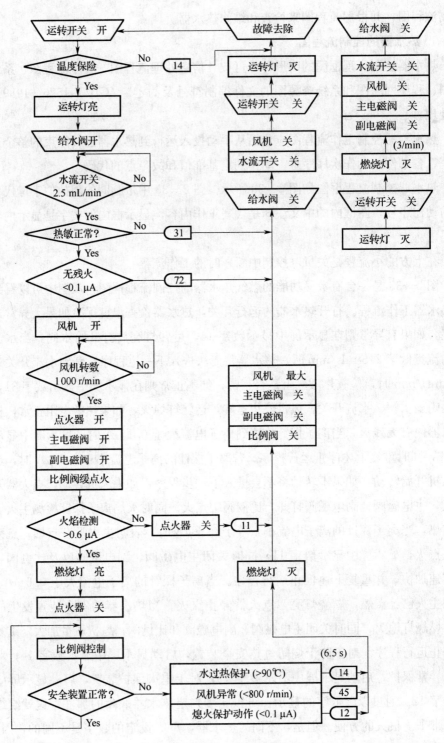

图 3—33 热水器控制流程框图

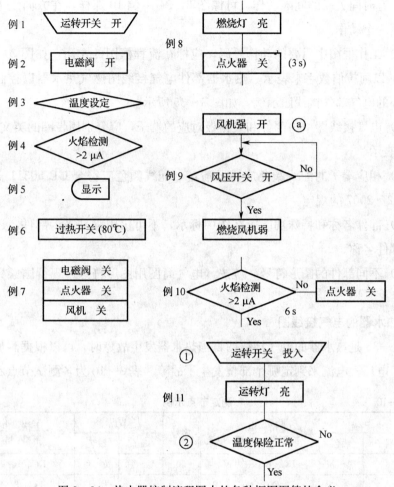

图 3—34　热水器控制流程图中的各种框图图符的含义

（1）手动操作，表示启动、结束、暂停或中断时，以图 3—34 中的梯形框表示，也可用两边是椭圆的矩形框表示。

（2）自动工作的部件或指示灯，表示各种处理功能时，以长方形框表示。

（3）表示判断比较时，用图 3—34 中例 3 和例 4 表示。

（4）表示信息和故障显示，以图 3—34 中例 5 表示，图中数字代表故障代码。

（5）表示时间和基准值，用图 3—34 中例 6 的矩形框来表示，基准值和时间应写在框内左侧。

（6）瞬间连续动作的部件，用图 3—34 中例 7 的连续矩形框表示。

（7）有时间关联的间隔动作，以图 3—34 中例 8 的连续矩形框表示，时间可注在框右侧括弧内。

（8）有时间关联的间隔动作，可像图 3—34 中例 9 那样，在矩形框右侧括弧内注 a。

（9）有时间关联的间隔动作，可像图 3—34 中例 10 那样，在方向线下注几秒后进行下一个动作。

（10）工作框图中重要的动作号码，应标在流程框图的左面，如图 3—34 中例 11 那样，以阿拉伯数字来表示。热水器部件电气接线图燃气热水器以控制器线路板为中心的电气部件接线图示例，如图 3—35 所示。

（11）电气接线图中与部件和线路板对应的端子，应分别用带圈的英文字母 A、B、C 等表示。

（12）相应端子的配线颜色应标示清楚，配线颜色应符合 GB 50311—2007 和 GB 50312—2007 的规定。

（13）部件名称和特殊功能应在图中标示，不可仅用符号表示部件，还要用中文标注部件名称。

（14）不同部件的图形符号，应按《电气简图用图形符号》现行国家标准的规定要求。

2. 热水器的电气接线图

图 3—35 是热水器的电气接线图，当热水器发生故障时，可以根据测量各节点的阻值、电压、电流来判定哪个部位发生了故障。表 3—10 为各测试节点示例。

表 3—10　　　　　　　　　　测定节点示例

序号	节点 端子	节点 线色	判定 上格：电压 下格：电阻、电流	序号	节点 端子	节点 线色	判定 上格：电压 下格：电阻、电流
①	Ⓒ	黑—灰	DC　6.0～10 V	⑧	Ⓓ—Ⓖ	黄—红	DC　10～17 V
②	Ⓐ	黑—黑	DC<1 V / <1 MΩ	⑨	Ⓔ	桃—蓝	DC　8～10 V / 1～2 kΩ
③	Ⓑ	黑—黑	DC<1 V / <1 MΩ	⑩	Ⓔ	桃—蓝	DC　80～100 V / 1～2 kΩ
④	Ⓑ	白—白	20℃：48～57 kΩ / 40℃：21～28 kΩ	⑪	Ⓔ	橙—橙	DC　10～45 V / 1～2 kΩ
⑤	Ⓓ—Ⓖ	白—红	<0.1 μA	⑫	Ⓓ—Ⓖ	白—红	AC　60～120 V
⑥	Ⓕ	黑—黑	AC　30～70 V / 15～25 Ω		Ⓓ	黄—白	0.8～4.0 μA
⑦	Ⓕ	黄—蓝	DC　10～17 V				
	Ⓕ	红—蓝	DC　2～4 V				

注：①序号①②等是热水器工作流程框图中的重要动作序号。

②A，B，C 等字母是燃具电气接线图中的端子符号，这些端子在设计时，最好不要使其连在一起，分开这些端子，可以防止安装时的接线失误。

③线色代表相应端子或线路板上的导线颜色。

④判定格内为检查点的基准值，有的分为两小格，上格为电压值，下格为电流值或电阻值。

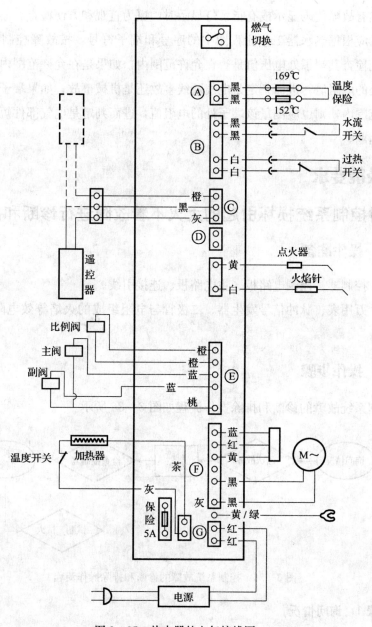

图 3—35　热水器的电气接线图

需要强调的是，设计好工作流程框图、电气接线图和故障控制点参考图，不仅方便检查、检修，而且也是燃具安全设计的内容之一。通过对各节点电压、电流、电阻的测定，可迅速判断出热水器的故障，从而简化了维修过程。

如果热水器不能启动，则应系统检查各端子上的电压、电流和电阻值是否在正常范围内。

当然有故障代码显示或有指示灯显示时，更为直观和方便检查。

一般应根据热水器工作流程图中的序号和端子符号，按故障控制点图逐步检查。首先检查其端子处电压值是否在允许范围内，如果是在允许范围内，则应测量其端子处的电阻值，进而判定是电气断线事故还是机械事故；如果端子处电压值不在允许范围内，则也应测量该端子处的电阻值，进而判定是电气部件短路还是线路板出现问题。

 技能要求

对控制系统损坏引起的大火不着故障进行诊断和排除

一、操作准备

（1）控制器、控制电路板、主电路板、连接引线。

（2）万用表、脉冲信号发生器、二极管与电阻组成的火焰等效电阻、活扳手、旋具等。

二、操作步骤

控制系统故障的诊断和排除操作流程如图 3—36 所示。

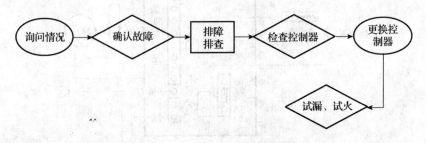

图 3—36　控制系统故障的诊断和排除操作流程

步骤 1　询问情况

询问用户热水器的使用年限、使用状态，故障发生的情况。

步骤 2　确认故障

打开水、气、电源，观察大火不着，确认故障存在。

步骤 3　故障排查

对造成故障的原因进行分析判断并一一排查，用旋具打开热水器面板，用排除法检查微动开关、水流传感器、水流开关。

步骤 4 检查控制器

若无问题，将脉冲信号发生器与控制器相连或用两根短路线代替干簧管与控制器相连，启动热水器，若大火仍不着，确认控制器损坏。

步骤 5 更换控制器

检查各连接引线有无插件松动或断线现象，如没有，关闭水、气、电源，用旋具更换控制器或更换主电路板和控制电路板等。

步骤 6 试漏、试火

打开水、气、电源，试漏水，开启热水器，观察火焰燃烧状况，试漏气，确认故障排除，关闭水、气、电源，交付使用。

三、注意事项

在更换电路板前，应事先将线路板的各个插口了解清楚，最好用草图记下来。

第 4 节 火小、水不热故障的诊断和排除

断水球阀关闭不严，混水阀使用不当或皮膜产生微小裂纹都可能引起火小、水不热故障。

 学习单元 1 断水球阀关闭不严造成的出水不热故障的诊断和排除

断水球阀关闭不严是由于球阀的损坏造成的，也可能是用户关闭不到位造成的，重者可使大火不着，轻者造成出水不热。

 **学习目标**

➢熟悉球阀的主要结构及其在借管安装中的作用

➢掌握断水球阀关闭不严造成的出水不热故障的诊断和排除方法

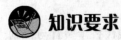 **知识要求**

一、球阀的主要结构及其在借管安装中的作用

1. 球阀的主要结构

如图 3—37 所示，球阀是用带有圆形通道的球体作为启闭件，球体随阀杆转动实现启闭动作的阀门。主要由上轴承、下轴承、球体、阀体、阀座、阀杆和弹簧等部件组成。阀座与球体的密封是依靠弹簧和流体压力实现的，阀座最常用的材料为聚四氟乙烯。在各种阀门中具有密封性好，开关迅速，流体阻力小等优点。但是随着使用年限的增加，有些球阀的阀杆与球体会脱节，当阀杆旋转 90°时，球体不能旋转 90°，导致球阀关闭不严。

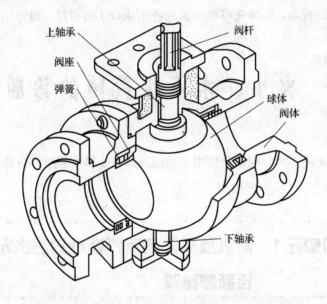

图 3—37　球阀结构示意图

2. 热水器的借管安装

热水器的借管安装是指如图 3—38 所示的安装方式，冷水通过冷水阀门 F1 进入热水器，从热水管流出进入浴室，在冷水管与热水管之间，安装球阀 F2。当不使用热水器时，关闭冷水阀门 F1，打开球阀 F2，这样冷水就直接通过球阀 F2 进入浴室。当需要洗浴或热水时，打开阀门 F1，同时关闭球阀 F2，这样冷水经阀门 F1 进入热水器，经加热后从热水管流入浴室。这种安装方式的优点是安装简单，节省管材，但是，缺点是操作较为复杂，同时如果球阀 F2 坏了的话，更换较麻

烦。如果球阀 F2 关闭不严，冷水就会经过 F2 与热水混合进入浴室，从而导致热水不热。

二、断水球阀关闭不严造成的出水不热故障的诊断和排除方法

当热水器水温调节阀调至高温位置，感觉水温和水流情况，若水温水流变化不大，确认断水球阀关闭不严造成出水不热的故障，可通过更换球阀排除故障。

技能要求

对断水球阀关闭不严造成的出水不热故障进行诊断和排除

一、操作准备

（1）球阀、生料带、密封垫等。

（2）管钳、活扳手。

二、操作步骤

断水球阀关闭不严造成的出水不热故障的诊断和排除操作流程如图 3—39 所示。

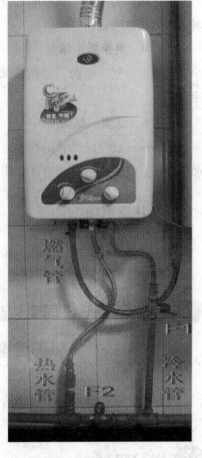

图 3—38　热水器借管安装示意图

图 3—39　断水球阀关闭不严造成的出水不热故障的诊断和排除操作流程

步骤 1　询问情况

询问用户热水器的使用年限、使用状态，热水不热故障发生的情况。

步骤 2　确认故障

打开水、气、电源，设置成借管运行方式，开启热水器，用手感觉热水出口水温及水流情况，水温较低，确认故障存在。

步骤 3　故障原因诊断

将水温调节阀调至高温位置，感觉水温和水流情况，若水温水流变化不大，确

认断水球阀关闭不严。在诊断前可看一下断水球阀是否关闭到位，若关闭不到位，则断水球阀没问题。

步骤4　更换断水球阀

关闭水、气、电源，关闭自来水总阀，用管钳拆卸断水球阀，更换新的断水球阀。

步骤5　试漏、试火

试漏水，设置成借管运行方式，打开水、气、电源，开启热水器，用手感觉热水出口水温及水流情况，确认故障排除，交付使用。

三、注意事项

在安装断水球阀时，在断水球阀前应安装活接头，为下次更换提供方便。

学习单元2　对皮膜产生微小裂纹造成的热水不热故障的诊断和排除

皮膜产生微小裂纹会使水膜阀左右腔压差减小，导致三通阀芯的开度降低，燃气流量不够，造成热水不热。

学习目标

➢ 了解水膜阀三通顶轴与水压调节阀的联动关系
➢ 熟悉皮膜产生微小裂纹造成热水器热水不热的原因分析
➢ 掌握皮膜产生微小裂纹造成的热水不热故障的诊断和排除方法

知识要求

一、水膜阀三通顶轴与水压调节阀的联动关系

图3—40所示为三通顶轴与水压稳定装置联动关系示意图。在水膜阀三通顶轴的右端（右腔）有一个水压稳定装置，它紧贴在与大顶盘接触的皮膜上。当水压增高进水量加大时，三通顶轴势必向左侧移动较多，但这样就使得水流入右腔入口的开度变小。反之，水压降低进水量变小时，顶轴的左移距离变小，这将加大水流往

右腔入口的开度。因此，在一定程度上起到了稳定水压的作用。而皮膜、顶盘、顶轴向左移动主要靠右腔与左腔的压力差，压差越大，向左移动距离越大，气阀开度大；反之，移动距离小，气阀开度小。

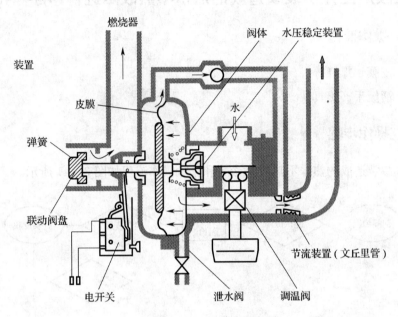

图 3—40　三通顶轴与水压稳定装置联动关系示意图

二、皮膜产生微小裂纹造成热水器热水不热的原因分析

从图 3—40 中可以看到，当皮膜产生微小裂纹以后，使得右腔与左腔的压力差减小，水膜阀三通顶轴克服弹簧的作用力向左移动距离减小，使气阀的开度减小，减少了通往主燃烧器的燃气流量，同时皮膜顶盘阻止了水压调节阀顶轴向左移动，削弱了稳压作用。当水压增大时，水压调节阀顶轴应向左移动，使水流入口开度变小，燃气入口开度增大，但此时由于右腔与左腔的压力差减小，向左移动距离减小，使得燃气入口开度变小，水流入口开度不能变小，从而影响了热水加热效果，造成热水器热水不热。

三、皮膜产生微小裂纹造成的热水不热故障的诊断和排除方法

开启热水器，用手感觉热水出口水温及水流情况并观察火焰高度，若水温较低，水流较大，火焰高度较正常稍低，确认是由于皮膜产生的微小裂纹造成的故障。与断水球阀的故障不同，皮膜产生微小裂纹造成的故障火焰会比正常的小，而断水球阀的故障火焰高度不会降低。

技能要求

对皮膜产生微小裂纹造成的热水不热故障进行诊断和排除

一、操作准备

（1）皮膜、螺钉等。

（2）活扳手、旋具。

二、操作步骤

皮膜微裂造成的热水不热故障诊断和排除操作流程如图 3—41 所示。

图 3—41 皮膜微裂造成的热水不热故障诊断和排除操作流程

步骤 1　询问情况

询问用户热水器的使用年限、使用状态，热水不热故障发生的情况。

步骤 2　确认故障

打开水、气、电源，开启热水器，用手感觉热水出口水温及水流情况并观察火焰高度，若水温较低，水流较大，火焰高度比正常的稍低，确认故障存在。

步骤 3　故障原因诊断

将水温调节阀调至高温位置，感觉水温和水流情况，若水温水流变化不大，确认断水球阀关闭不严；若水温较低，水流较大，火焰高度比正常火焰偏低，初步确认故障可能是水膜阀皮膜有微小裂纹。

步骤 4　检查皮膜

关闭水、气、电源，关闭自来水总阀，用旋具打开热水器面板，取下水膜阀，拆开水膜阀组件，取出皮膜，对着亮光检查皮膜是否有裂纹和小孔（也可不取下水膜阀，在机器上直接取出皮膜）。

步骤 5　更换皮膜

更换有裂纹的皮膜，安好水膜阀组件，将水膜阀连接到热水器。

步骤 6　试漏、试火

打开水、气、电源，开启热水器，用手感觉热水出口水温及水流情况，确认故障排除，交付使用。

三、注意事项

更换的皮膜应与原皮膜相同或相似，否则会影响热水器的热水产率。

 学习单元 3　对因混水阀使用不当造成的热水不热故障的诊断和排除

混水阀是既可单独供热水，也可单独供冷水，还可进行冷热水的混合的一种阀门。

 学习目标

➤ 熟悉混水阀的使用方法
➤ 掌握因混水阀使用不当造成的热水不热故障的诊断和排除方法

 知识要求

一、混水阀的使用方法

混水阀是将冷水和热水按不同比例混合后排出的阀门，由于冷水和热水的混合比例不同，排出的水温也会发生变化。图 3—42 是一个混水阀，当手柄向左转动，冷水量增加而热水量减少，水温降低；当手柄向右转动，冷水量减少，热水量增加，水温升高。当混水阀应用于燃气热水器时，热水量不能过少。如果热水量过少，一是会造成出水温度较低；二是会使热

图 3—42　混水阀

水器点不着火；三是对于没有恒温比例调解功能的热水器，热水量越少水温越高，当热水温度达到 70℃ 以上时，水垢的凝结速度会迅速增加，热水器长时间在高温

下运行，会堵塞热水器盘管。因此，科学合理地使用混水阀是很重要的。

二、因混水阀使用不当造成的热水不热故障的诊断和排除方法

混水阀造成的热水不热或大火不着，主要是由于混水阀中热水流量太少造成的，所以对于无恒温功能的热水器出水管温度会较高，但是混水阀出水温度却较低，可适当调节混水阀热水温度，增大热水流量，从而增加混水阀后的出水温度。

 技能要求

对混水阀使用不当造成的热水不热故障进行诊断和排除

一、操作准备

混水阀使用说明书。

二、操作步骤

混水阀使用不当造成的热水不热故障诊断和排除操作流程如图 3—43 所示。

图 3—43　混水阀使用不当造成的热水不热故障诊断和排除操作流程

步骤 1　询问情况
询问用户热水器的使用年限、使用状态，热水出现不热故障的情况。

步骤 2　确认故障
打开水、气、电源，开启热水器，打开水、气、电源，将混水阀手柄向左转动（角度大一些），向上抬起，火被点着，用手感觉混水阀出水口水温及水流情况，若水温高或尚可可向右转动手柄，直到水温较低时为止（但不能灭火），确认故障存在。

步骤 3　解释使用方法
向用户解释热水不热的原因并向用户介绍正确的使用方法。正确的使用方法是：火被点着后，要通过改变手柄的旋转角度（左侧），来改变热水水温，而不是火点着后，手柄不动，这样可能水不热，也可能水过热，必须通过转动手柄，按比例进行冷、热水混合，才能获得适合的水温。

三、注意事项

由于长期错误使用混水阀，会造成热水器结垢，因此应检查热水器是否结垢。

第 5 节　关闭水阀后大火不灭
故障的诊断和排除

造成关闭水阀后大火不灭故障的原因有水膜阀左右腔通道被堵、水磁浮子卡死、干簧管短路等。

 学习单元 1　对水膜阀左右腔通道堵塞造成的关闭水阀后大火不灭故障的诊断和排除

水膜阀结构的水气联动装置的左右腔有一条水路通道，在这条通道上有文丘里管、过水管（或缓燃器）等，通道上的任何部位被堵都会引起大火不灭故障。

 学习目标

➢了解水膜阀左右腔通道的作用

➢掌握水膜阀左右腔通道堵塞造成的关闭水阀后大火不灭故障的诊断和排除方法

 知识要求

一、水膜阀左右腔通道的作用

如图 3—40 所示，水膜阀左右腔通道由右腔、调温阀、文丘里管侧孔、缓燃器（或过水管）及左腔组成。只有压差式水气联动装置（后制式热水器）的左右腔是连通的，前制式热水器（压力式）的左右腔是封闭的，靠水压推动皮膜，打开燃气阀。后制式热水器未启动时，水膜阀左右腔水压相等。当打开自来水阀门时，水流通过水压调节阀到水膜阀右腔，再通过调温阀，流至文丘里管，经热交换器从热水出口流出。在流经文丘里管时，文丘里管侧孔处压力最低，流速最快。因文丘里管侧孔与右腔相通，左腔压力低于右腔压力，左腔的水流向文丘里管侧孔处（低压点）并与自来水一起通过文丘里管主孔流出，皮膜、顶盘、顶轴向左移动，打开燃气阀。关闭自来水阀门，水流停止，文丘里效应消失，因水膜阀左右腔相通（相当于连通器），静止的水通过左右腔通道流向左腔致使左右腔压力平衡，联动装置克服回位弹簧力，关闭燃气阀。

由于文丘里管侧孔及左右腔通道比较狭窄，热水器使用时间较长时，会被部分杂质和水垢堵塞。热水器开始运行时，在左右腔压差的作用下打开燃气阀门开始燃烧，但如果这时水膜阀左右腔体的通道被堵，则关闭水阀时，右腔的水不能及时向左腔补充，使左、右腔水压不能达到平衡，导致燃气阀门无法关闭，水气联动装置失效。

二、水膜阀左右腔通道堵塞造成的关闭水阀后大火不灭故障的诊断和排除方法

当水膜阀左右腔通道堵塞以后，即便关闭水阀，水膜阀左、右腔体的压差也不会改变，这就导致水气联动装置失效。其现象是关闭热水出口截门，火焰不熄灭或不能立即熄灭，这会造成热水器干烧。主要被堵塞的地方有文丘里管两侧的小孔或过水管和水膜阀侧、三通阀侧过水通道。可通过疏通堵塞部位进行修理。

 技能要求

水膜阀左右腔通道堵塞造成的关闭
水阀后大火不灭故障的诊断和排除

一、操作准备

（1）文丘里管、过水管（缓燃器）、三通阀体等。

（2）活扳手、旋具、捅针等。

二、操作步骤

大火不灭故障的诊断和排除操作流程（1）如图3—44所示。

步骤1　询问情况

询问用户热水器的使用年限、使用状态，故障发生的情况，故障发生的频率等。

步骤2　确认故障

打开水、气、电源，开启热水器，火着后，关闭热水出口截门，观察火焰是否立即熄灭，若火未立即熄灭（停留较长时间）立即关闭气源，确定大火不灭故障存在。

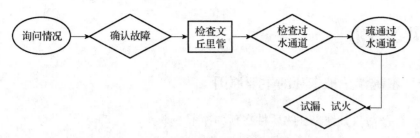

图 3—44　大火不灭故障的诊断和排除操作流程（1）

步骤 3　检查文丘里管

关闭水、电源，用旋具打开热水器面板，拆卸水气联动装置，拆卸文丘里管并检查文丘里管两侧通道是否堵塞。

步骤 4　检查过水通道

若未堵塞，将文丘里管拧回原位，查看过水管及水膜阀侧、三通阀侧过水通道是否被堵。

步骤 5　疏通过水通道

若被堵塞，进行疏通或更换阀体，将拆下的零部件（或更换件）重新安装。

步骤 6　试漏、试火

打开水、气、电源，试漏水，开启热水器，试漏气，关闭热水出口水截门，观察火焰是否立即熄灭，若能立即熄灭，确认故障排除，交付使用。

三、注意事项

（1）组装时，不要忘记放密封圈、垫，连接要牢固。

（2）维修完毕后，应反复开启热水器，观察有没有故障再次发生。

学习单元 2　水控开关水磁浮子卡死（卡在顶部）造成的关闭水阀后大火不灭故障的诊断和排除

学习目标

➤了解水磁浮子被卡死的主要原因

➤掌握因水控开关水磁浮子卡死（卡在顶部）造成的关闭水阀后大火不灭故障的诊断和排除方法

 **知识要求**

一、水磁浮子被卡死的主要原因

（1）被油污或其他黏性物质粘在顶部掉不下来。

（2）因受力不均，水磁浮子歪斜，卡在顶部掉不下来。

（3）翻板开关旋转轴锈蚀卡滞或被脏物阻塞，关水后翻板不能复位。

二、因水控开关水磁浮子卡死（卡在顶部）造成的关闭水阀后大火不灭故障的诊断和排除方法

燃气热水器关水后大火不灭故障发生后，应立即关闭水、气、电源，避免严重事故发生。水控开关结构的热水器易发生干烧故障，这是水控开关的一大缺点。诊断和排除此类故障应在断电情况下多次开关热水器，注意是否发出"咔咔"声（水磁浮子在运动过程发出的声响）；在不通气的情况下插电源，立即听到脉冲打火和电磁阀吸合声，可确认水磁浮子卡死现象存在。关闭水、电源，拆下水磁浮子阀体，查看水磁浮子被卡位置并取出，分析水磁浮子卡死原因，并采取相应措施。将水磁浮子放回水磁浮子阀体中，安装水磁浮子阀体。试漏水，试机。

 技能要求

对水控开关水磁浮子卡死（卡在顶部）造成的关闭水阀后大火不灭故障进行诊断和排除

一、操作准备

（1）水磁浮子、干簧管。

（2）活扳手、旋具等。

二、操作步骤

大火不灭故障的诊断和排除操作流程（2）如图3—45所示。

步骤1 询问情况

询问用户热水器的使用年限、使用状态，故障发生的情况，故障发生的频率等。

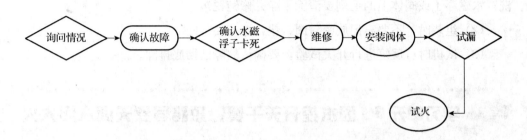

图 3—45　大火不灭故障的诊断和排除操作流程（2）

步骤 2　确认故障

打开水、气、电源，开启热水器，火点着后，关闭热水出口截门，观察火焰是否立即熄灭，若火未立即熄灭（停留较长时间）立即关闭气源，确定大火不灭故障存在。

步骤 3　确认水磁浮子卡死

断开电源，多次开关水截门，通过听声进行判断，未听到"咔咔"声，插热水器电源插头，听到脉冲打火声和电磁阀吸合声，确认水磁浮子卡死现象存在，断开电源。

步骤 4　维修

用呆扳手从阀座上拆下水磁浮子阀体，查看水磁浮子被卡位置并取出，分析水磁浮子卡死原因，并采取相应措施。可清除阀体内腔油污和杂物，修钝阀体内孔锐边等。

步骤 5　安装阀体

将水磁浮子放回水磁浮子阀体中，要求放正，在阀座的 O 形密封圈上涂少许黄油，将水磁浮子阀体安装在阀座上，用旋具紧固螺钉使其进入固定槽内，在阀体上部的密封面上放密封垫，用呆扳手将盘管锁母与阀体外螺纹相连。

步骤 6　试漏

打开水、气、电源，关闭热水出口阀门，打开自来水进口阀门，用肉眼仔细观察水路系统各连接处有无漏水现象。

步骤 7　试火

打开热水出口阀门，开启热水器，点着火后，关闭热水出口截门，火能立即熄灭，确认故障排除，交付使用。

三、注意事项

（1）清除阀体内腔油污和杂物时一定要清除干净，必要时可用清洗剂进行清洗；水磁浮子或阀体上的毛刺要清除干净并修钝锐边。

（2）组装时，不要忘记放密封圈、垫，连接要牢固。

（3）试机时可反复进行开关试验，要确认故障已彻底排除。

 学习单元3　因水控开关干簧管短路导致关闭水阀大火不灭故障进行诊断和排除

 学习目标

➢了解干簧管发生短路的主要原因

➢掌握因水控开关干簧管短路导致关闭水阀大火不灭故障的诊断和排除方法

 知识要求

一、干簧管发生短路的主要原因

干簧管也称磁簧开关或舌簧开关及磁控管，它是一种气密式密封的磁控性机械开关，可以作为磁接近开关、液位传感器、干簧继电器使用。

如图3—46所示，干簧管由一对用磁性材料制造的弹性舌簧组成，舌簧密封于充有惰性气体的玻璃管中，舌簧端面互叠但留有一条细间隙。舌簧端面触点镀有一层贵金属，如铑或钌，使开关具有稳定的特性和极长的使用寿命。

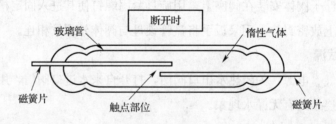

图3—46　干簧管断开时

当永久磁铁或线圈所产生的磁场施加于开关上时，使干簧管两个舌簧磁化，一个舌簧在触点位置上生成N极，另一个舌簧的触点位置上生成S极，如图3—47所示。若生成的磁场吸引力克服了舌簧的弹性产生的阻力，舌簧被吸引力作用接触导通，即电路闭合。一旦磁场力消除，舌簧因弹力作用又重新分开，即电路断开。

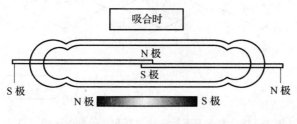

图 3—47　干簧管吸合时

干簧管发生短路的主要原因如下：

（1）干簧管两簧片吸合时产生火花，使两簧片粘连，发生短路。

（2）磁铁长时间在簧片处停留，使簧片被磁化，两簧片吸合，发生短路。

（3）干簧管长时间使用，簧片已无弹性，两簧片贴合在一起发生短路。

二、因水控开关干簧管短路导致关闭水阀大火不灭故障的诊断和排除方法

关水后大火不灭故障发生后，应立即关闭水、气、电源，避免严重事故发生。与水磁浮子卡死（卡在顶部）造成的关闭水阀后大火不灭故障的诊断和排除方法相类似，也在断电情况下多次开关热水器，注意是否发出"咔咔"声（水磁浮子在运动过程发出的声响）；在不通气的情况下插电源，立即听到脉冲打火和电磁阀吸合声，可确认干簧管短路现象存在。关闭水、电源，拔下干簧管组件插头，拆卸干簧管组件，更换干簧管组件或更换干簧管，安装干簧管组件，试机。

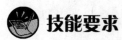 **技能要求**

对水控开关干簧管短路导致关闭
水阀大火不灭故障进行诊断和排除

一、操作准备

（1）干簧管、干簧管组件等。

（2）活扳手、旋具等。

二、操作步骤

大火不灭故障的诊断和排除操作流程（3）如图 3—48 所示。

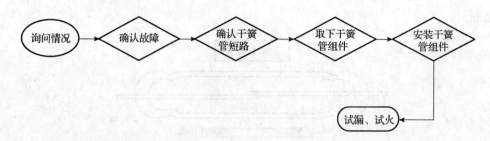

图 3—48　大火不灭故障的诊断和排除操作流程（3）

步骤 1　询问情况

询问用户热水器的使用年限、使用状态，故障发生的情况，故障发生的频率等。

步骤 2　确认故障

打开水、气、电源，开启热水器，火点着后，关闭热水出口截门，观察火焰是否立即熄灭，若火未立即熄灭（停留较长时间）应立即关闭气源，确定大火不灭故障存在。

步骤 3　确认干簧管短路

用十字旋具拧下紧固前壳的螺钉，拆下热水器前壳，断开电源，多次开关水截门，听到"咔咔"声（关闭水截门时，能听到水磁浮子的落下声），插上热水器电源插头，听到脉冲打火声和电磁阀吸合声，通过听声，确认干簧管短路故障存在，断开电源。

步骤 4　取下干簧管组件

将与控制器相连的干簧管组件插头拔下，注意拔时要将插头的挂钩按下，用十字旋具拧下干簧管组件固定螺钉，取下干簧管组件。

步骤 5　安装干簧管组件

将试验合格的干簧管组件或干簧管准备好，将干簧管组件安装孔对准阀体螺孔，用螺钉紧固，并与控制器相连，打开水、气、电源，此时不能听到脉冲打火声和电磁阀吸合声。

步骤 6　试漏、试火

打开冷水阀门，试漏水，再打开热水出口阀门，开启热水器，大火被点着，试漏气，关闭热水器，大火立即熄灭。经过多次试机，机器都能够开水着火，关水灭火，确认故障排除，交付使用。

三、注意事项

（1）组装时一定要定位准确，固定牢靠。

（2）焊接单个干簧管时，一定要将簧片部位对准线路板的横线后再焊接。

思　考　题

1. 简述容积式热水器的主要结构及工作原理。

2. 何谓火孔燃烧能力、火孔热强度及火孔总面积？

3. 燃气热水器产生回火故障的主要原因有哪些？

4. 燃气热水器产生离焰、脱火故障的主要原因有哪些？

5. 燃气热水器产生黄焰故障的主要原因是什么？

6. 大气式燃烧器的主要结构和作用是什么？

7. 试述恒温式燃气热水器的工作原理。

8. 简述冷凝式燃气热水器的工作原理。

9. 燃气热水器常规检测内容和方法有哪些？

10. 燃气热水器主要有哪些安全装置？

11. 如何识读燃气热水器控制流程图？

12. 试述关闭水阀后大火不灭故障的主要原因。

13. 燃气热水器产生火小、热水不热故障的主要原因有哪些？

14. 简述燃气热水器大火不着故障的主要原因。

15. 为什么皮膜产生微小裂纹会造成热水器热水不热？

第4章

培 训

高级工除了要掌握燃气具安装、修理以及安全技术外，还肩负着对初级工、中级工的培训任务。在日常的燃气具安装修理工作中，高级工言传身教，手把手亲自教，不断传授知识和标准，为提高初级工、中级工的操作技能起到引领和推动作用。

第1节 初级工、中级工技能操作指导

 学习单元1 指导初级工、中级工完成燃气具的安装

 **学习目标**

➤熟悉燃气具安装标准要点和质量要求

➤能够指导初级工、中级工完成燃气具的安装

 **知识要求**

一、燃气具安装标准及规范的要点

燃气具安装标准如下：

1.《城镇燃气设计规范》(GB 50028—2006)。

2.《城镇燃气室内工程施工与质量验收规范》(CJJ 94—2009)。

3.《家用燃气燃烧器具安装及验收规程》(CJJ 12—99)。

4.《燃气采暖热水炉应用技术规程》(CECS 215：2006)。

上述标准的强制性条文即为燃气具安装标准要点和质量要求，燃气具的安装应遵守相关规范、标准的规定。

二、指导初级工、中级工进行燃气具安装

指导初级工、中级工进行燃气具的安装主要体现在实际工作中，首先要对施工方案及派工单上的任务进行技术分析，根据工作的难易程度分配任务，领到任务的人可去领取安装施工所需的技术资料、待装设备、管段、管件、填料及施工工具、设备、检测工具等并进行核查，共同进行现场测绘，绘制安装图，计算下料长度，交由初级工、中级工进行管段的预制。设备安装前，指导初级工、中级工对设备进行检查和核对；向安装人员讲述安装要求。安装过程中，随时纠正错误操作和技术难题，对安装进行核查，设置试验装置，参与和指导试压、试漏及设备调试工作。

1. 指导方法

(1) 将技术划分为若干阶段。要求学员由易到难、由简到繁、循序渐进地学习，并不断给予强化与矫正，以提高操作效率。

(2) 实操演示，并让学员演练，手把手指导。

(3) 纠正错误，指出正确的操作，让学员知道自己的操作是否达到要求。

2. 燃气具安装安全操作技术规程

(1) 安装燃具的环境

燃具的安全防火措施除保证一定距离外，还应考虑燃具安装地点周围的环境条件，观察该处是否有滞留烟气。

1) 室内安装燃具的环境。室内安装燃具时应符合下列要求：

室内安装燃具时，应远离人经常出入的门及容易倾倒的地方，应远离家具、窗帘等物品，以免引起火灾。

厨房中的燃具不要装在门后面，不利于监视燃具的燃烧状态。

直排式和半密封式热水器不要装在灶具等明火燃具上方，因为灶具烟气或油烟气会被热水器吸入产生不完全燃烧。

室外用燃具一般只能装在室外，不能装在室内。

2）室外安装燃具的环境。室外安装燃具时应符合下列要求：

自然排气式燃具在敞开走廊或阳台上隔间安装时，必须有专用的隔间，隔间应防风雨，落叶、废纸等废弃物不应落入隔间内，以免影响燃具正常工作。因直排式燃具不抗风，不宜安装在室外；平衡式燃具可以安装在室外，但应有防风、防雨措施。

燃具在敞开走廊上安装时，不能靠近楼梯或影响邻居，间距应大于 5 m。

室外燃具安装的排气筒不能再进入室内，只能伸向室外。

室内用燃具安装在室外隔间时，应有防风、防雨的措施，以免影响燃具的正常燃烧。

（2）室内燃气供应系统的安全

室内燃气管道必须符合以下要求：

1）室内中低压燃气管道应采用镀锌管，中压管宜采用焊接或法兰连接。

2）用户引入管不得敷设在卧室、浴室、地下室、易燃易爆仓库、有腐蚀性介质的房间、配电室、电缆沟、烟道和进风道等地方，应设在厨房走廊或非居住房间内等便于检修的地方。

3）用户引入管当为地上引入时，室外引入管上端设置带丝堵的三通作为清扫口；用户引入管当为地下引入时，在室外离地面 0.5 m 处安装一个带丝堵的斜三通作为清扫口。无论是地上引入还是地下引入，引入管的水平段要以一定的坡度坡向庭院管道。为了便于检修，在管道穿越墙壁或地板时，要加一个套管。

4）室内燃气管道为便于及时发现漏气，便于检修，室内燃气管道都采用明装，并与室内电气设备及其他管道间有一定距离。当有特殊要求时，可暗设，但必须便于安装和维修，并应符合有关规定。

5）室内立管不得敷设在卧室、浴室或厕所中，一般在靠近墙角的地方竖向安置。水平管一般安装在靠近屋顶处，距顶棚不小于 15 cm。表前水平管要坡向立管，表后水平管要坡向接燃具立管，以防表内积水而腐蚀表。

6）燃气表安装在厨房内或靠近厨房的走廊上。厨房内表底距地面不小于 1.8 m。表的背后与墙面要距离 25～50 mm，燃气表不得安装在堆放易燃、易爆品和其他危险品的地方。

　　公共建筑用户的燃气表要布置在温度不小于 5℃、干燥、通风良好、查表方便的地方。不得布置在卧室、危险品库、有腐蚀性气体和经常潮湿的地方。表底距地面一般为 1.6 m。安在地面上的表，表底距地面不小于 0.5 m。

　　7）食堂炒菜灶的灶面高度为 70～75 cm，蒸锅灶的灶面高度为 70 cm。当布置两台以上蒸锅时，灶台水平净距不应小于 0.4 m。布置两个以上的炒菜锅时，两锅净距不应小于 0.25 m。炉膛应分开，彼此不可连通，每个炉膛应留有二次空气进风口。食堂燃烧器额定流量大于 6.5 m³/h，产生废气量多，应设烟道，若没烟道应加强排烟设施。

　　8）在居民住宅和公共建筑的进气总管上的总阀门，应设置在离地面 1.5 m 处，以便发生故障时切断气源。在燃气表前及接灶立管的末端也设置阀门。

　　（3）安全用电

　　安装使用交流电源的燃具时，必须注意电气安全的要求。

　　1）不同防触电保护类别的燃具安装时，应符合规定的电源插座、开关和电线；电源插座、开关和电线应是经过安全认证的产品。

　　2）电源插头不应装在潮湿、易被水淋到的位置。

　　（4）燃具安装

　　1）安装燃具时应有施工的标志以及施工记录。

　　2）安装或变更下列燃具时应在有关人员监督下进行，并张贴监督员检查合格标志：

　　①半密闭及密闭式浴槽水加热器。

　　②半密闭及密闭式热水器。热流量大于 11.6 kW 的快速式热水器，热流量大于 7.0 kW 的其他燃具，上述燃具的排气筒、给排气筒以及排气筒相连的排气扇。

　　3）燃具局部变更施工应包括下列各项：

　　①室外燃具变更工程（不得装在室内）。

　　②燃具更换排气筒或排气扇。

　　③燃具增加热流量。

　　④热流量等于或小于 7.0 kW 的燃具安装。

　　4）燃具安装部位应符合下列要求：

　　①安装燃具的地面、墙壁应能承受荷重。

　　②燃具不应安装在有易燃物堆存的地方。

　　③直排式和半密闭式燃具不应安装在有腐蚀性气体和灰尘多的地方。

　　④燃具不应装在对其他设备或电气设备有影响的地方。

⑤安装时应考虑满流、安全阀动作及冷凝水的影响，地面应做防水处理或设排水管。

⑥燃具安装应考虑检修的方便，排气筒、给排气筒应在易安装和检修处安装。

⑦燃具安装处所应符合《燃气燃烧器具安全技术条件》（GB 16914—2003）的规定。

5）燃具固定应符合下列要求：

①燃具应能防振动冲击，不应倾斜、龟裂、破损。

②配管应能防振动冲击，不应有安全故障。

③燃具安装应牢固、燃气阀、金属柔性管或强化软管（带增强金属网或纤维网）时，应无附加应力，并且应牢固。

6）连接金属管、燃气阀、金属柔性管或强化软管（带增强金属网或纤维网）时，应无附加应力，并且应牢固。

7）防积雪、防冻应符合下列要求：

①在积雪地区安装燃具时，给排气设备应考虑积雪、冰冻的影响。

②在积雪地区安装在室外的固定式燃具应设置积雪护板，防护应有足够的强度。

③墙上安装时，应装在不受落雪、积雪影响的地方。

④供热水的燃具、给水管、热水管应根据当地情况采取防冻措施；可能结冻的地方不得配管，否则应采取防冻措施。

8）室内燃具的安装应符合下列要求：

①安装时应考虑人的动作、门的开闭、窗帘、家具等对燃具的影响。

②安装时应考虑门等部位对燃具的遮挡。

③直排式和半密闭式热水器不应装在无防护装置的灶、烤箱等燃具的上方。

④室外用燃具不应安装在室内。

9）室外燃具的安装应符合下列要求：

①室内用燃具安装在室外时，应采取防风、防雨措施，不得影响燃具的正常燃烧。

②在靠近公共走廊处安装燃具时，应有防火、防落下物、防投弃物等措施。

③室外燃具的排气筒不得穿过室内。

④两侧有居室的外走廊，或两端封闭的外走廊，严禁安装室外用燃具。

10）燃气管道连接应符合下列要求：

①燃具与燃气管道的连接部分，严禁漏气。

②燃具连接用部件（阀门、管道、管件等）应是符合国家现行标准并经检验合格的产品。

③连接部位应牢固、不易脱落。软管连接时，应采用专用的承插接头、螺纹接头或专用卡箍紧固；承插接头应按燃气流向指定的方向连接。

④软管长度应小于3 m，临时性、季节性使用时，软管长度可小于5 m。软管不得产生弯折、拉伸、脚踏等现象。龟裂、老化的软管不得使用。

⑤在软管连接时不得使用三通，形成两个支管。

⑥燃气软管不应装在有火焰和辐射热的地点和隐蔽处。

⑦燃气管道连接还应符合《城镇燃气设计规范》（GB 50028—2006）的有关规定。

11）与燃具连接的供气、供水支管上应设置阀门。

12）燃气泄漏报警器的安装应符合《燃气燃烧器具安装技术条件》 （GB 16914—2003）的有关规定。

13）燃具在敞开走廊、阳台上安装时应符合《家用燃气燃烧器具安装及验收规程》（CJJ 12—99）附录B的规定。

14）燃具的给水安装应符合《家用燃气燃烧器具安装及验收规程》（CJJ 12—99）附录C的规定。

（5）验收

1）安装燃具的房间应符合《燃气燃烧器具安全技术条件》（GB 16914—2003）的规定。

2）安装燃具房间的通风、防火等条件应符合《城镇燃气室内工程施工与质量验收规范》（CJJ 94—2009）的相关规定。

3）燃气的种类和压力，以及自来水的供水压力应符合燃具铭牌要求。

4）将燃气阀打开，关闭燃具燃气阀，用肥皂液或测漏仪检查燃气管道和接头，不应有漏气现象。

5）打开自来水阀和燃具冷水进口阀，关闭燃具热水出口阀，目测检查自来水系统不应有水渗漏现象。

6）按燃具使用说明书要求，使燃具运行，燃烧器燃烧应正常，各种阀的开关应灵活。

7）在做烟道抽力检查（半密闭自然排气式燃具用）时，应在燃具运行情况下，应用补偿式微压计在安全排气罩出口处测定，抽力（真空度）不得小于3 Pa。

8）上述检查合格后，应由监督员张贴合格标示。

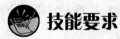 **技能要求**

初级工、中级工完成燃气具的安装指导

一、操作准备

（1）施工分解图、安装说明书、设备、管段、管件、填料等。

（2）施工工具、设备、检测工具等。

二、操作步骤

指导初级工、中级工完成燃气具安装工作的流程如图 4—1 所示。

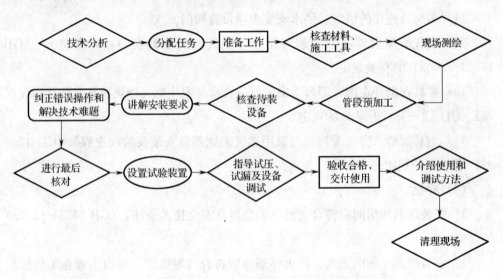

图 4—1　指导初级工、中级工完成燃气具安装工作的流程

步骤 1　技术分析

对施工方案及派工单上的任务进行技术分析，以便进行技术交底和安全交底。

步骤 2　分配任务

根据工作的难易程度，给参加安装的初级工、中级工分配任务。

步骤 3　准备工作

按材料领取单领取或准备安装施工所需的技术资料、待装设备、管段、管件、填料及施工工具、设备、检测工具等。

步骤 4　核查材料、施工工具

让施工人员对材料和施工工具进行核查：逐项核实材料品种、数量，同时检查

材料质量；施工前要根据工程规模、施工人员多少核查施工工具是否齐全，同时检查工具的品质以保证施工顺利进行。

步骤 5　现场测绘

与初级工、中级工一起进行现场测绘和绘制安装图。现场测绘包括放线、测量尺寸和绘制安装图等。尺寸测量主要是对构造长度的测量。

步骤 6　管段预加工

根据构造长度计算下料长度，交由初级工、中级工进行管段的预制。管段预制包括管材切割、管子套丝、管子调直和管子煨弯等。

步骤 7　核查待装设备

核对待装设备是否按规范要求进行过检查。燃气设备安装前要按 CJJ 94—2009 的 3.2 的规定进行检查，未按规定检查的不得安装。

步骤 8　讲解安装要求

安装前，向安装人员讲解安装要求。首先介绍产品说明书的安装要求，然后介绍燃气设备安装标准的相关要求。

步骤 9　纠正错误操作和解决技术难题

安装过程中，随时纠正错误操作和解决技术难题。无论是何种技术，都必须边学边练，要随时纠正错误操作，指导解决技术难题，不断提高操作技能。

步骤 10　进行最后核对

安装完后，按设计文件要求进行最后核对。核对内容如下：

（1）试验方案已编制。

（2）安装工程已按设计图样全部完成，质量检查合格。

（3）管道已加固。

步骤 11　设置试验装置

指导施工人员在管路中设置试验装置，强度试验时采用弹簧管压力表测压，严密性试验时中压管道采用弹簧管压力表测压，低压管道采用 U 形压力计测压。

步骤 12　指导试压、试漏及设备调试

参与和指导试压、试漏及设备调试工作。按试验方案进行试压、试漏及设备调试工作，并做好记录。试验介质宜采用空气，严禁用水。

步骤 13　验收合格，交付使用

由建设单位组织城建、公安消防、劳动等有关部门及燃气安全方面的专家进行竣工验收合格后，工程即可交付使用。要求进行强度试验和严密性试验是为了保证燃气管道交付后的安全使用。

步骤14　介绍使用和调试方法

要求安装人员向用户介绍设备的使用和调试方法。

步骤15　清理现场

清扫现场垃圾杂物，整理剩余材料，收好各种工、机具，撤离现场。

三、注意事项

（1）现场测绘要求准确无误，一丝不苟，记录及时。

（2）为了保证压力试验的安全，试验前必须具备 CJJ 94—2009 规定的五项条件。

学习单元2　指导初级工、中级工诊断和排除燃气具常见故障

在现场燃气具维修工作中，应理论联系实际，运用工作原理解释故障原因，指导初级工、中级工维修操作，从而达到举一反三的效果。

学习目标

➢熟悉燃气具的质量标准

➢能组织和指导初级工、中级工诊断和排除燃气具常见故障

知识要求

一、燃气具的质量标准

燃气具的质量标准主要有：《家用燃气灶具》（GB 16410—2007）、《家用快速热水器》（GB 6932—2001）、《燃气采暖热水炉》（GB 25034—2010）、《中餐燃气炒菜灶》（CJ/T 28—2003）、《燃气蒸箱》（CJ/T 187—2003）、《饮用燃气大锅灶》（CJ/T 3030—1995）等国家建设部发布的商用燃气灶具行业标准。

二、燃气具安全标准

即《燃气燃烧器具安全技术条件》（GB 16914—2003）。

该标准是主要针对燃气燃烧器具安全制定的原则性和通用性安全技术规定，由

国家质量监督检验检疫总局发布。

三、燃气具节能环保标准

即《环境标志产品技术要求　燃气灶具》（HJ/T 311—2006），由国家环境保护总局发布。

（一）适用范围

本标准适用于城市燃气的燃气灶具产品，其中包括：

a. 单个燃烧器标准额定热流量小于 5.23 kW（4 500 kcal/h）的灶。

b. 标准额定热流量小于 5.82 kW（5 000 kcal/h）的烤箱和烘烤器。

c. 标准额定热流量符合 a、b 规定的烤箱灶。

d. 每次焖饭的最大稻米量在 4 L 以下，标准额定热流量小于 4.19 kW（3 600 kcal/h）的燃气饭锅。

使用非城市燃气的燃气灶可参照执行。

（二）技术内容

1. 使用不同燃气的灶具，在额定热负荷下，干烟气中 NO_x 的浓度（标准状态）应符合下表要求。

排放标准　　　　气种	人工煤气、天然气	液化石油气
NO_x（标准状态）	≤0.006%（60 ppm）	≤0.01%（100 ppm）

2. 使用不同燃气灶具，在额定热负荷条件下，干烟气中 CO 浓度（$\alpha = 1$）不得大于 0.003%（300 ppm）。

3. 产品的热效率应不小于 60%。

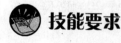 技能要求

指导初级工、中级工诊断和排除燃气具常见故障

一、操作准备

（1）必要的配件、控制器、密封垫、密封圈、设备使用说明书等。

（2）燃气具维修工具、检测工具等。

二、操作步骤

指导初级工、中级工诊断和排除燃气具常见故障工作流程如图 4—2 所示。

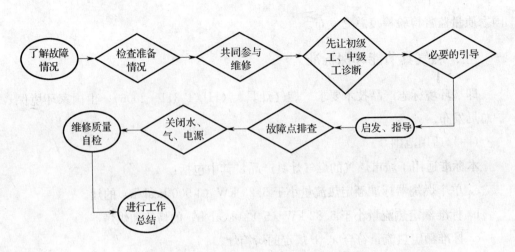

图4—2　指导初级工、中级工诊断和排除燃气具常见故障工作流程

步骤1　了解故障情况

了解派工单维修设备的种类、规格及故障情况，以便进行技术分析指导和进行必要的配件、工具准备。

步骤2　检查准备情况

检查维修人员是否带齐配件、维修工具及密封材料等。

步骤3　共同参与维修

去现场与初级工、中级工共同参与维修工作，并进行现场指导。

步骤4　先让初级工、中级工诊断

当遇到典型常见故障时，先让初级工、中级工进行诊断，培养其独立工作的能力。

步骤5　必要的引导

当看到分析判断有偏差时要给予必要的引导，要耐心指出产生判断偏差的原因。

步骤6　启发、指导

对分析判断难度较大的故障要运用工作原理进行启发，这样可以达到举一反三的效果。

步骤7　故障点排查

在分析判断的基础上，指导初级工、中级工对可能的故障点一一进行排查，因为产生故障的原因往往有多个，有时必须一一排查才能找到故障点。

步骤8　关闭水、气、电源

在每次拆卸零部件时，要提醒操作人员注意操作安全和必须关闭水、气、电源，要养成良好的维修操作习惯。

步骤 9 维修质量自检

故障排除后，要求维修操作人员进行维修质量的自检：

（1）故障是否已排除。

（2）漏水检测。

（3）燃气泄漏检测。

（4）进行燃烧工况检测。

（5）检查燃气流量、水流量及热水温度等。

（6）进行前后制检查。

步骤 10 进行工作总结

每次维修工作结束后，要求进行维修工作总结，以利再战。

三、注意事项

（1）压力试验介质宜采用空气，也可采用氮气或其他惰性气体，严禁用水。用水可能对管道和设备造成污染。

（2）要想做好燃气具的维修工作，必须掌握故障产生的根本原因，否则可能会造成判断不准，找不到故障点。

第 2 节 安全技术培训

燃气是易燃易爆物质，由于产品质量不合格，设备、管道、燃具失修损坏以及在安装、使用、维修过程中操作不当等原因，使燃气发生泄漏，极可能造成火灾、爆燃、中毒等重大事故。因此，进一步加强安装维修操作人员的安全技术培训是当务之急。

学习单元 1 对初级工、中级工进行燃气具安装安全技能培训

燃气设备的安装必须严格执行 CJJ 94—2009 的相关规定，进行燃气具安装的

操作人员必须经过培训，考核合格持证上岗。

 学习目标

➢ 熟悉《城镇燃气管理条例》有关燃气燃烧器具安装、维修人员安全管理的规定

➢ 能对初级工、中级工进行燃气具安装安全技能培训

 知识要求

一、《城镇燃气管理条例》有关燃气燃烧器具安装、维修人员安全管理的规定简介

《城镇燃气管理条例》对燃气燃烧器具安装、维修人员有关安全管理的规定（节选）：

第 32 条　燃气燃烧器具生产单位、销售单位应当设立或者委托设立售后服务站点，配备经考核合格的燃气燃烧器具安装、维修人员，负责售后的安装、维修服务。

燃气燃烧器具的安装、维修，应当符合国家有关标准。

第 49 条　违反本条例规定，燃气用户及相关单位和个人有下列行为之一的，由燃气管理部门责令限期改正；逾期不改正的，对单位可以处 10 万元以下罚款，对个人处 1 000 元以下罚款；造成损失的，依法承担赔偿责任；构成犯罪的，依法追究刑事责任：

（三）安装、使用不符合气源要求的燃气燃烧器具的；

（四）擅自安装、改装、拆除户内燃气设施和燃气计量装置的；

（八）燃气燃烧器具的安装、维修不符合国家有关标准的。

第 32 条首先规定了燃气燃烧器具的生产者、销售者有设立或者委托设立售后服务站点，配备经考核合格的安装、维修人员，负责售后的安装、维修服务的责任和义务。燃气燃烧器具管理是燃气安全管理的重要环节。燃气燃烧器具不同于一般的商品，其安装、维修对于满足燃气用户需求、保证用气安全，具有重要意义。燃气燃烧器具安装、维修专业性强，其设计、施工都有严格的技术要求。国家对燃气燃烧器具安装和维修有严格的技术要求和管理规定，如《燃气燃烧器具安全技术条件》（GB 16914—2003）、《家用燃气燃烧器具安全管理规则》（GB 17905—2005）、《家用燃气燃烧器具安装及验收规程》（CJJ 12—99）、《城镇燃气室内工程施工与质

量验收规范》（CJJ 94—2009）、《燃气采暖热水炉应用技术规程》（CECS 215—2006）等。在《家用燃气燃烧器具安全管理规则》（GB 17905—2005）中明确规定，燃气具的安装、改装必须由经过专门培训，并获得当地燃气主管部门资质审查合格的单位和人员进行。燃气燃烧器具不按国家规定进行安装和维修，不仅会影响其正常使用，还可能危及用户的生命和财产安全。

燃气燃烧器具生产单位或销售单位应设立或委托设立售后服务站，由具有资质的单位承担安装、维修业务。售后服务点应加强备品备件、人员培训和服务质量的管理。燃气燃烧器具的安装、维修活动关系人民群众生命财产安全，直接从事安装、维修作业人员的岗位技能素质对燃气燃烧器具安装、维修质量有着直接影响。直接从事燃气具安装、维修作业人员应当经过考核合格。

本条还规定了燃气具安装、维修作业应当符合国家和地方的有关标准。燃气燃烧器具的安装、维修企业应当建立健全管理制度和规范化服务标准，建立用户档案，定期向燃气管理部门报送相关报表，按规定的标准向用户收取费用，对本企业所安装的燃气燃烧器具负有指导用户安全使用的责任。

安装燃气燃烧器具应当按照国家的标准和规范进行，并使用符合国家有关标准的燃气具安装材料和配件。燃气燃烧器具安装企业受理用户安装申请时，不得限定用户购买本企业生产的或者其指定的燃气燃烧器具和相关产品。对用户提供的不符合标准的燃气燃烧器具或者提出不符合安全的安装要求时，燃气燃烧器具安装企业应当拒绝安装。燃气燃烧器具安装企业应当在家用燃气计量表后安装燃气燃烧器具，未经燃气供应企业同意，不得移动燃气计量表及表前设施。燃气燃烧器具安装完毕后，燃气燃烧器具安装企业应当进行检验。检验合格的，检验人员应当给用户出具合格证书。

从事燃气燃烧器具安装维修的企业，应当是燃气燃烧器具生产、销售企业设立的，或者是经燃气具生产、销售企业委托设立的燃气燃烧器具安装维修企业。委托设立的燃气燃烧器具安装维修企业应当与燃气燃烧器具生产、销售企业签订维修委托协议。燃气燃烧器具安装维修企业接到用户报修后，应当在 24 小时内或者在与用户约定的时间内派人维修。

第 49 条是关于燃气用户及相关单位和销售单位违反《城镇燃气管理条例》的相关规定所应承担的法律责任。

燃气燃烧器具生产单位、销售单位的违法情况，包括：（1）未设立售后服务点或者未配备经考核合格的燃气燃烧器具安装、维修人员的；（2）燃气燃烧器具的安装、维修不符合国家有关标准的。《城镇燃气管理条例》第 32 条规定燃气燃烧器具生产单位、销售单位应当设立或者委托设立售后服务站点，配备经考核的燃气燃烧器具安装、维修人员，负责售后的安装、维修服务。燃气燃烧器具的安装、维修，应当符合国家有关标准。对于燃气燃烧器具生产、销售单位违反《城镇燃气管理条例》第 32 条规定的行为，本条规定了相应的法律责任。

二、燃具的安全管理规程

1. 燃具的安装和验收

用户使用燃具必须向当地燃气供应企业提出申请，经批准后方可使用。未经批准，用户不得擅自安装、拆移燃具。

燃气供应企业负责燃气用户的管理，建立用户档案，制定用户安全使用规定，负责用户的安全教育，普及燃气知识宣传。

燃具安装、使用的监督管理工作由当地燃气主管部门负责。

燃具的安装、改装必须由经过专业培训，并获得当地燃气主管部门资质审查合格的单位人员进行。燃具安装后，应由安装单位的监督人员进行检查、登记并签发安装合格标志，贴在燃具外壳明显处。燃具安装时应注重燃具的排烟和通风，保证燃具安全使用。

燃气供应企业对安装、改装完毕的燃具应按燃具的有关标准、规范组织验收，合格并登记后方可供气使用。

燃具的安装、监督、维修人员一律携带有效证件上岗并保证安装、改装质量。安装、改装后必须调试合格，由验收人员现场验收，用户在验收单上签字。

2. 事故处理

（1）燃具用户发生意外事故时，应立即切断燃气气源，打开门窗通风，将伤员抬到空气流通处急救或立即送往医院救治。

（2）第一见证人应保护好现场，立即通知有关部门勘察现场、封存燃具。

（3）事故处理应由燃气主管部门会同公安、消防、劳动等部门组成事故调查组进行调查处理。

（4）处理燃具事故时，应由事故调查组委托有关部门按燃具有关标准、法规对事故做出四个技术鉴定证书：燃具安装排烟，燃具使用和维修，燃气及供应质量，燃具质量。

（5）事故燃具复检时，复检单位应对事故燃具清除异物后按不同事故类型进行检测。

1）一氧化碳中毒事故。燃具的气密性，火焰稳定性（界限气），烟气中一氧化碳含量。

燃具售出一年内，应符合 GB 6932—2001 中的规定；燃具售出一年以上，直排式燃气热水器一氧化碳含量应小于 0.14%，烟道式和平衡式燃气热水器一氧化碳含量应小于 0.28%，燃气灶具一氧化碳含量应小于 0.14%。

2）燃气泄漏引起的事故。燃气管道和燃具的气密性；燃具燃气入口在 4.2 kPa 的空气压力下，泄漏量应小于 0.07 L/h。

未得到当地燃气主管部门资格认证的安装、改装、维修的单位和人员，由于安装、改装、维修引发的事故，情节严重构成犯罪的由司法机关追究刑事责任；尚不构成犯罪的依照有关法律、法规的规定给予处罚。

由于违反规定造成伤亡事故时，责任者应当赔偿受害人的医疗费、因误工减少收入，残疾者生活补助费，死亡丧葬费、抚恤费、死者生前抚养人的必要生活费及财物直接损失。

三、燃具的安全技术条件

1. 一般条件

（1）燃具的设计制造必须使其按规定正常使用时的操作安全，不应对人员、家畜和财产带来危险。

（2）燃具投放市场时必须带有下列用规范中文表示的说明书和警示标志：供安装人员使用的技术说明书；供用户使用的使用和维护说明书专用的警示标志，此标志也应同时出现在包装上。

（3）供安装人员使用的技术说明书必须包括安装、调试和维修所需的全部说明书，该说明书应能确保燃具的正确安装、调试、维修及操作安全使用。

说明书中必须有下列内容：所用燃气类型；所用气源压力；需要新鲜空气流动；燃烧产物消散的条件；机械鼓风的燃烧器和装有这些燃烧器的加热设备，其性能和组装应符合可适用的基本要求；在适当的地方，应列出一张由生产单位推荐的组装表。

（4）供用户使用和维护用的说明书必须包括安全使用所需的所有说明，特别是对使用限制、安装环境及通风要求的说明。

（5）燃具和包装上警示标志必须清楚地标出所用的燃气类型、气源压力和使用限制，特别是安装环境和通风要求。

（6）设计制造的燃具配件，按安装说明书装入燃具后，必须能够正常履行预定的用途。

燃具配件的生产企业必须提供安装、调试、操作和维修的说明。

2. 材料

材料必须适合预定用途，必须能经受住预期的工艺、化学和高温等条件。

事关安全的重要材料，其特性必须由燃具生产企业和材料供应企业予以保证。

3. 设计和制造

（1）燃具必须保证在正常使用时，不应有不稳定、变形、泄漏或磨损等危及安全的情况发生。

（2）燃具在启动或使用过程中产生的冷凝水不得影响燃具的安全性。

（3）燃具必须确保在外部万一着火时，其爆炸危险减至最小。

（4）燃具必须保证燃气通路中不发生水和空气的侵入。

（5）当辅助能源正常波动时，燃具必须保持安全工作。

（6）当辅助能源异常波动、失效或恢复供应时，燃具必须处于安全状态。

（7）燃具应能防止交流电源的危害；采用交流电源的燃具和配件应符合低压电气方面的安全要求。

（8）燃具的所有承压部件必须能承受机械和热的应力，并不产生任何影响安全的变形。

（9）燃具必须保证当安全、控制和调节装置发生故障时，不会导致不安全状态的发生。

（10）当燃具设有安全装置和控制装置时，其安全装置的功能必须由控制装置控制。

燃具在制造阶段已定位或调整好，且不适合由用户和安装人员操作的部件，必须有适当的保护措施。

手柄和其他控制定位装置必须有明确的标志并给出适当的说明，应避免操作中出现差错。

4. 燃具意外释放

（1）燃具必须保证燃气泄漏速率（泄漏量）是没有危险的。

（2）燃具必须保证点火、再点火和火焰熄灭之后燃气释放受到限制，应避免未燃燃气在燃具内积聚造成的危险。

（3）用于室内的燃具，必须设置防止未燃燃气在室内积聚造成危险的特殊装置。没有安装这种特殊装置的燃具，其安装场所必须有足够的通风，以防止未燃积聚造成的危险。

安装场所空间的大小和通风条件应根据燃具的特性确定。

5. 点火

燃具必须保证点火装置在正常使用时符合下列规定：点火和再点火是稳定和安全的；常明火应是稳定和安全的。

6. 燃烧

（1）燃具必须保证在正常使用时火焰稳定和燃烧产物中有害物质的限定浓度。

（2）燃具必须保证在正常使用时燃烧产物不会有意外排放。

（3）与排放燃烧产物的烟道相连的燃具，必须保证在排烟不正常情况下，不会有危险数量的燃烧产物排放到有关房间内。

（4）独立的无烟道的家用燃气供暖器具和无烟道的其他燃具，必须保证在有关的房间或空间内的一氧化碳浓度在预定的使用时间内不危害人员的健康。

7. 能源的合理利用

在充分反映技术水平并考虑安全因素的前提下，燃具必须保证能源的合理利用。

8. 温度

（1）设置在靠近地面或其他表面的燃具部件，其温度严禁达到危害周围建筑物的程度。

（2）燃具的按钮和手柄等操作部件，其温度严禁达到危害周围建筑物的程度。

（3）家用燃具外部部件的表面温度，除与辐射有关的表面和部件的温度外，在使用条件下，不得对使用者，特别是儿童造成任何危险，必须为使用者考虑适当的反应时间。

9. 食品和生活用水

在不违反有关规定的前提下，用于制造燃具的材料和零部件，如有可能与食品和生活用水相接触，则不得损害其质量。

四、对初级工、中级工进行燃气具安装安全技能培训的主要内容

在整个燃气具安装施工过程中都要做好安全技术工作。所有参加燃气具安装施工的人员都要接受安全技能培训，要认真贯彻国家和有关部门关于安全施工和安全生产的各项规定，提高对安全技术的认识，认真贯彻安全技术规程。作为技术骨干的高级工应对初级工、中级工进行安全技术教育工作和培训工作，没有接受过安全技术教育和培训的人员，不可参加施工安装。燃气具安装安全技能培训的主要内容如下：

1. 一般安全要求

（1）安全技术组织和安全交底

在施工前，应组织施工安装人员进行技术交底的同时，要根据工程的特点进行安全交底，并制定具体的安全技术措施；要检查施工现场周围环境是否符合安全要求，机具是否牢固可靠、安全措施和劳动保护是否配套和完好。

在施工过程中，要将执行安全技术规程做专门记录，发现安全隐患及时报告，待消除安全隐患后再进行施工。

（2）施工现场的安全布置

施工现场应整齐整洁，各种设备、材料要堆放在指定地点；易燃易爆材料堆放点要有警戒标志；现场用火须在指定地点设置，要按规定划出防火区。施工现场架设的电线，悬高度应不得妨碍施工的进行。

（3）安全防护

地下室等室内施工时，照明灯应使用安全电压并设防护罩。通风不畅的施工死角应采取可靠的通风措施。

2. 燃气管道工程安全技术操作要求

（1）管道安装

室内燃气管道安装前的土建工程，应能满足管道施工安装的要求，在进行土建施工时要进行详细交底：

1）燃气管道周围设施及其他管道情况。

2）危险因素。

3）安全措施。

4）安全操作方法和施工应注意事项。

（2）打墙眼

1）打眼前应检查四周有无障碍物。易损家具、电气设备和电线等操作前应采取必要措施。

2）打过墙眼时，应禁止通行，防止砖块落下伤人。

3）打楼板眼时，应事先与下层住户联系，在排除障碍物后方可施工。

（3）管道试压、吹扫

1）燃气管线的吹扫。用燃气置换空气阶段是最危险的时刻，因此置换速度一定不要快。

2）试压前必须严格检查所有的接口，弯头、闸门、三通、排水器、水封、过滤器、调压器及堵头是否有缺陷或未紧固的情况。

3）压力表应经常检查，保持计量准确，以免管道试压时因压力表不准而造成管道受压过大发生事故。

4）试压时检查人员应在外部检查，不准任何人用锤敲击。

5）管件及管道接口需要修理时，必须停止加压，放出气体后方可进行修理。

6）试压前管堵一定要加固，并经安全员检查后方可升压，以防止脱出造成事故。

7）放散管线要固定牢靠，放空阀门要操作灵活。

8）放喷口应设置在开阔地区，严禁对准民房、工厂和交通要道，严禁烟火和断绝交通。

9）置换空气结束后，要等燃气扩散开后才能点火放喷，一般情况下放喷天然气都应点火燃烧，如果不能点火燃烧则必须扩大放喷警戒安全区。

（4）一般机具

1）用电动弯管机弯管时，要注意手和衣服不要靠近旋转的弯管模，以免被带入机器中。在机器停止转动前，不能从事调整停机挡块的工作。

2）人工套螺纹时，要用管钳子把管子固定牢固。在套螺纹过程中，随时注意是否松动，防止滑脱伤人。套螺纹时两人应分立左右进行操作，一般应套两板以上。套丝螺纹程中要经常加注机油，延长板牙寿命。松板牙时不得用力过猛，以免板把伤人。套完螺纹后，要把铰板放稳，避免滑倒砸脚。

3）用钢锯、切管器切割管子时，要垫平卡牢，行锯要平稳，不能用力过猛或过急，临近切断时，要用手或支架托住管子，以免掉下来砸脚。

4）用砂轮切管机切断管子，操作时应站在侧面，并佩戴防护眼镜。

5）使用管钳子时应一手压把，另一手扶住钳头，禁止两手压把，以免管钳滑脱伤人。

6）使用管钳子及套螺纹板时，不准使用套管借力，防止折断伤人。

7）合理使用工具。小管钳不能用来上大管件。管钳子、活扳手不准代替锤子使用。

8）使用台虎钳，钳把不准使用套管借力或用锤子敲打。

9）使用活扳手时，开口尺寸应与螺母尺寸相符，并不得在手柄上使用套管借力。

（5）现场用电

1）非电工不得私自乱动电气设备。

2）电动工具和设备应有可靠接地，使用前应由电工检查是否有漏电现象，没有可靠接地时不得使用。

3）电动工具和设备在使用过程中发生漏电，要立即停止工作，不要擅自拆卸或进行修理。

4）使用电动工具和设备时，应在空载下启动，操作人员要戴上绝缘手套。

（6）现场防火一般安全知识

1）易燃物要勤清理，烟头不乱丢。严禁吸烟的场所绝不吸烟。

2）危险作业区应配置消防设施和器材。

3）严格遵守防火、防爆措施中的有关规定。

 技能要求

初级工、中级工的燃气具安装安全技能培训

一、操作准备

（1）城市燃气安全管理办法，CJJ 94—2009 的相关规定。

（2）燃气具安装安全操作技术规程。

二、操作步骤

1. 集中宣讲

对初级工、中级工进行燃气具安装安全技能培训工作流程（1）如图 4—3 所示。

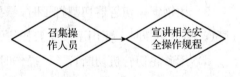

图 4—3　对初级工、中级工进行燃气具安装安全技能培训工作流程（1）

步骤 1　召集操作人员

每次施工前，要召集所有安装操作人员进行技术交底和安全交底，尤其是初次参与施工的人员必须到场接受安全教育。

步骤 2　宣讲相关安全操作规程

所有参加燃气具安装施工的人员都要接受安全技能培训，要认真贯彻国家和有关部门关于安全施工和安全生产的各项规定，提高对安全技术的认识，认真贯彻安全技术规程。要重点宣讲与本次施工相关的安全操作规程，通过宣讲达到以下目的：

（1）保证所有参加施工人员的安全。

（2）保证与施工安装无关的其他邻近人员的安全。

（3）保证燃气管道所涉及的各种建筑物、构筑物和其他设施的安全。

（4）保证燃气管道设备的运行安全。

2．现场指导

对初级工、中级工进行燃气具安装安全技能培训工作流程（2）如图4—4所示。

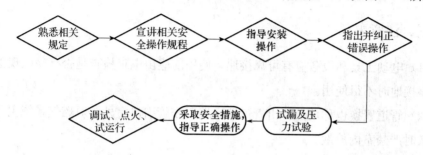

图4—4　对初级工、中级工进行燃气具安装安全技能培训工作流程（2）

步骤1　熟悉相关规定

需要熟悉的安装标准如下：

（1）城市燃气安全管理办法、CJJ 94—2009 的相关规定。

（2）燃气具安装安全操作技术规程。

步骤2　宣讲相关安全操作规程

步骤3　指导安装操作

安装过程中根据设备的种类及安装说明书的要求进行现场安装指导，要认真贯彻国家和有关部门关于安全施工和安全生产的各项规定，提高对安全技术的认识，认真贯彻安全技术规程。

步骤4　指出并纠正错误操作

在施工过程中，除了传授操作经验外，还要不折不扣地执行安全技术规程，对违反规范要求的操作行为及时指出并加以纠正。

步骤5　试漏及压力试验

安装完毕，要求操作人员按规定进行试漏及压力试验。试压前必须严格检查所有的接口，弯头、闸门、三通、排水器、水封、过滤器、调压器及堵头是否有缺陷或未紧固的情况。试压时检查人员应在外部检查，不准任何人用锤敲击。

步骤6　采取安全措施，指导正确操作

用燃气置换空气阶段是最危险的时刻，因此置换速度一定不要快；放散管线要固定牢靠，放空阀门要操作灵活；置换空气结束后，要等燃气扩散开后才能点火放喷，一般情况下放喷天然气都应点火燃烧，如果不能点火燃烧则必须扩大放喷警戒安全区。

步骤7　调试、点火、试运行

通气现场不得存放易燃物品，并保持良好通风，点燃小火燃烧器将其拖入炉内，微启燃气阀点燃燃烧器，然后逐渐开大燃气阀。

三、注意事项

（1）电动工具和设备应有可靠接地，使用前应由电工检查是否有漏电现象，没有可靠接地时不得使用。

（2）管道置换也称放散，由管道最末端用胶管引出室外，对燃气系统主干管进行放散时严禁室内放散。

 学习单元2　对初级工、中级工进行燃气具维修安全技能培训

燃气具维修操作人员在维修过程中，要保证自身安全，在维修后还要保证用户的使用安全。

 学习目标

➤ 熟悉燃气具相关标准中的强制性条文

➤ 能对初级工、中级工进行燃气具维修安全技能培训

 知识要求

一、燃气具相关标准中强制性条文

燃气具相关标准中强制性条文一般用黑体字表示，强制性规定必须严格执行。燃气具产品标准既是生产商产品制造质量标准又是维修人员产品维修的质量标准。燃气具相关标准中强制性条文在本教程的其他章节已有介绍，这里不再一一列出，可根据需要参阅燃气具相关标准。

二、气密性的检验及漏气问题分析

1. 检验

GB 16410—2007 规定燃气灶的燃气通路气密性能检验技术要求：从燃气入口

到燃气阀门，在 4.2 kPa 压力下，漏气量小于等于 0.07 L/h（闭阀检验）；自动控制阀门，在 4.2 kPa 压力下，漏气量小于等于 0.55 L/h（闭阀检验）；用 0~1 气点燃燃烧器，从燃气入口到燃烧器火孔无燃气泄漏现象（开阀检验）。在耐用性能方面的规定：燃气旋塞阀，动作 15 000 次后，气密性合格，不妨碍使用；熄火保护装置动作 6 000 次后，气密性及开闭阀时间合格，不妨碍使用；电磁阀动作 30 000 次后，气密性合格，不妨碍使用。

气密性能和阀门及阀门总成的耐用性能两项检验的气密性技术要求是相同的。气密性闭阀检验，安装安全保护装置的台式燃气灶（以下简称"台式灶"）和安装安全保护装置的嵌入式燃气灶（以下简称"新型灶"）技术要求及试验方法是相同的。但气密性开阀检验，技术要求中从燃气入口至火孔的气密性检验只适合台式灶。因为新型灶的旋塞及电磁阀部位、阀后气管及接头密封部位、燃烧器的内气路部位气密性情况，在开阀状态下，按检验要求的试验方法是无法全面检查阀后气密性情况的。建议按下述试验方法对新型灶进行气密性检验。

（1）气密性检验按照燃气灶标准规定技术条件，用胶管连接仪器出气管口和新型灶进气管口，通气后检查连接胶管的各个气管接口有无气泡（用肥皂水等发泡剂），确定不漏进行气密性阀前检验，合格后再进行阀后检验。

（2）阀前气密性检验（闭阀），燃气阀门为关闭状态，其余阀门打开（自动控制阀门检测时关闭自动控制阀门，其余阀门打开检验）观察测漏仪压力，检查阀前进气 T 形管、万向节、阀门及阀门与气管连接位置的气密性情况。

（3）阀后气密性检验准备

1）拆下影响检验燃气管路、气管接头、喷嘴接头、阀门、电磁阀等部件气密性的外壳、燃烧器等部件。

2）准备专用封闭喷嘴喷孔的橡胶塞杆或其他封闭喷嘴喷孔的专用工具。

（4）阀后检验（开阀）

1）打开电磁阀和阀门检验。用橡胶塞杆堵住喷嘴出气口；用机械方法打开电磁阀，将阀门旋塞分别旋至开度最大和最小位置，观察测漏仪压力变化情况。检查阀后包括喷嘴连接螺纹间隙、旋塞的锥面密封、阀后气管及接头、电磁阀外密封垫与阀体接触面、燃烧器内气路的气密性情况。

2）关闭电磁阀，打开阀门检验。不封闭喷嘴出气口，将阀门旋塞旋至开度最大位置，观察测漏仪压力变化情况，检查电磁阀内推杆密封垫与阀体气路密封面的气密性情况。

3）打开电磁阀，关闭阀门检验。不封闭喷嘴出气口，用机械方法打开电磁阀，观察测漏仪压力变化情况，检查阀门单独关闭时旋塞密封面的气密性情况。

（5）燃气灶的旋塞阀或其他类型的燃气灶阀门、熄火保护装置、电磁阀的耐用性能检验后，按气密性检验内容进行气密性检验。

2. 漏气问题分析

下面针对新型灶的气密性和旋塞、电磁阀、熄火保护装置耐用性能检测中发现的质量问题分类，分析原因，并提出解决问题的建议。

（1）阀体旋塞漏气，原因有密封脂的种类不适合使用，密封脂涂层不均匀等，旋塞及旋塞孔锥面研磨不合格；应选用不易挥发，耐高温，密封性好的专用密封脂产品。严格涂层工艺，严格研磨工艺，检验不合格不组装。

（2）旋塞内孔与顶针密封面漏气，原因有顶针密封垫与旋塞内孔密封部位设计不合理，有污物，弹簧弹力不符合设计要求，弹簧应选用设计钢材绕制并做好热处理，弹簧必须做压力试验；密封胶垫质量有问题，用优质密封胶垫；燃气灶应选用优质阀体，检验合格后组装。

（3）喷嘴与气路连接部位漏气。原因有螺纹加工不规范，安装时螺纹没对正，喷嘴固定不正，使密封面不严。应严格螺纹加工工艺及加工检验，螺纹要对正安装，选用适合灶具使用温度要求的专用密封胶或密封脂。

（4）管接头密封垫漏气，有密封垫质量差、密封垫没上正、拧紧扭矩过大或过小等原因。应选用优质密封垫放正，用规定扭矩安装。

（5）气管锥面密封不严漏气，气管锥面与气管接头锥度不一致或有划痕、杂质、毛刺，气管和接头锥面要严格按要求加工；气管弯角不规范，使管接口处同心度差，铜管弯角要做胎具样板，使弯角一致，经检验合格后安装。

（6）燃烧器内气路漏气，因铸造砂眼或加工钻孔时钻透气路。应根据漏气原因改进铸造工艺及燃烧器气孔的设计。

（7）电磁阀内密封垫与阀体气路漏气。原因有密封面加工粗糙，有杂质或弹簧弹力不符合要求。密封面应按设计要求加工，安装时清除密封面杂质，选用弹力合格的弹簧。阀门生产厂必须严格出厂检验，灶具生产厂对电磁阀分批抽检。

（8）T形进气管、万向节、阀门进气管接头漏气。原因有密封垫不严，万向节设计不合理，O形密封圈变形，进气管有裂纹。应选用优质密封垫和O形密封圈，加工密封面要符合设计要求，安装时要清除杂质，进气管焊接要选用正确焊接方法并经过严格检验。要设计合适包装，运输方法要正确。能够防止振动、撞击引起的漏气。进气管口设计过滤网，可防止杂质混入堵塞气路或磨损阀门锥体密封面引起漏气。

三、对初级工、中级工进行燃气具维修安全技能培训的主要内容

（1）燃气具相关标准中强制性条文。

（2）燃气具的正确使用和调试方法。

（3）燃气具安全使用常识及燃气安全使用常识。

（4）漏气故障的应急处理。

（5）燃气具修复后的质量检测（有些项目灶具可不检测）

1）查看故障是否已排除。

2）进行漏水检测。

3）燃气泄漏检测。

4）进行燃烧工况检测。

5）检查燃气流量、水流量及热水温度等。

6）进行前后制检查。

（6）燃气具拆卸注意事项

1）拆卸零部件之前必须先关闭燃气、供水阀门（电源）。

2）拆卸时要小心谨慎，防止在排除故障的同时造成新的故障。

3）要爱护用户设备，要轻拿轻放，不得砸、撬设备，防止拆下的零部件混入异物。

（7）正确使用各种维修工具。

技能要求

初级工、中级工的燃气具维修安全技能培训

一、操作准备

（1）燃气具产品标准。

（2）燃气具维修安全技术操作规程。

二、操作步骤

1. 集中培训

对初级工、中级工进行燃气具维修安全技能培训工作流程（1）如图 4—5 所示。

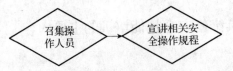

图4—5 对初级工、中级工进行燃气具
维修安全技能培训工作流程（1）

步骤1 召集操作人员

在任务量小或业余时间组织大家集中学习，办维修学习班，树立维修"安全第一"的理念，既要保证自身的安全，也要保证用户的生命财产安全。

步骤2 宣讲相关安全操作规程

各安装维修单位都制定了严格的燃气具维修安全操作规程，要教育维修操作人员严格执行安全操作规程。例如燃气泄漏严禁明火检查就是其中一项重要规定。

2. 现场指导

对初级工、中级工进行燃气具维修安全技能培训工作流程（2）如图4—6所示。

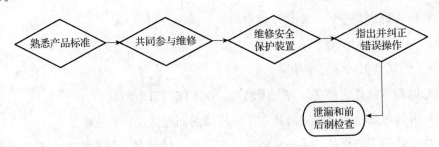

图4—6 对初级工、中级工进行燃气具维修安全技能培训工作流程（2）

步骤1 熟悉产品标准

熟悉国家标准产品标准主要是产品标准中的强制性条文，产品标准主要有GB 16410—2007、GB 6932—2001及GB 25034—2010等。

步骤2 共同参与维修

在与初级工、中级工共同维修过程中对每种操作都要提醒安全第一，在拆卸零部件时一定要先关闭水、气、电源。

步骤3 维修安全保护装置

设置安全保护装置是燃气具标准中的强制性要求，例如灶具国家标准就规定每一个燃烧器均设有熄火保护装置，因此，在维修安全保护装置时，要求操作人员一定要保证维修后的保护装置有效和可靠。

步骤4 指出并纠正错误操作

在共同参与的维修操作中，应尽量让初级工、中级工多动手、多实践，在维修过程中对违反安全操作规程的操作要及时纠正并给予正确指导，例如，在拆卸零部件之前，发现学员未关闭水、气、电源必须给予及时提醒和纠正，以免发生严重事故。

步骤 5　泄漏和前后制检查

维修完毕后，要对燃气具和管路进行水、气泄漏检查，对燃气热水器还要进行前后制检查，这些都是为了消除安全隐患，避免事故发生。燃气热水器前后制检查非常重要，一方面可检查热水器的启动性能，另一方面可检查热水器是否存在干烧故障。

三、注意事项

（1）拆卸零部件之前必须先关闭燃气、供水阀门（电源）。

（2）绝对不可以拆除安全保护装置，要保证安全保护装置的有效性和可靠性。

思 考 题

1. 民用燃气具的质量标准主要有哪些？
2. 燃气具安装标准主要有哪些？
3. 试用燃气热水器水气联动装置的工作原理分析干烧故障产生的原因。
4. 试用燃气热水器水气联动装置的工作原理分析大火不着故障产生的原因。
5. 何谓熄火保护装置？

国家职业资格培训教程

参 考 文 献

1 任亢健，家用燃气具及其安装与维修 [M]. 北京：中国轻工出版社，2008

2 同济大学等. 燃气燃烧与应用 [M]. 北京：中国建筑出版社，2000

3 天津市政工程设计院. 城市燃气燃烧器具 [M]. 北京：中国建筑出版社，1979

4 R. R. 赖歇. 燃烧技术手册 [M]. 北京：石油工业出版社，1982

5 姜正侯. 燃气工程技术手册 [M]. 上海：同济大学出版社，1993

6 中国城市燃气协会. 城镇燃气规范规程执行手册 [M]. 北京：中国物资出版社，2004

7 王新华. 管道制图与识图 [M]. 北京：中国劳动社会保障出版社，2000